上海大学出版社

2005年上海大学博士学位论文 2

超细长弹性杆非线性力学的建模与分析

- 作者：薛　纭
- 专业：一般力学与力学基础
- 导师：陈立群

2005 年上海大学博士学位论文　**2**

超细长弹性杆非线性力学的建模与分析

作　　者：薛　纭
专　　业：一般力学与力学基础
导　　师：陈立群

上海大学出版社
·上海·

Shanghai University Doctoral
Dissertation (2005)

Modeling and Analysis of Nonlinear Mechanics of a Super-thin Elastic Rod

Candidate: Xue Yun
Major: Generd and Fundamental Mechanics
Supervisor: Prof. Chen Liqun

Shanghai University Press
· Shanghai ·

上 海 大 学

　　本论文经答辩委员会全体委员审查,确认符合上海大学博士学位论文质量要求.

答辩委员会名单:

主任: **梅凤翔**　教授,北京理工大学应用力学系　　100081

委员: **刘延柱**　教授,上海交通大学工程力学系　　200030

　　　李俊峰　教授,清华大学工程力学系　　　100084

　　　程昌钧　教授,上海大学力学系　　　　200436

　　　郭兴明　教授,上海市应用数学和力学研究所

　　　　　　　　　　　　　　　　　　　　　　200072

导师: **陈立群**　教授,上海大学力学系　　　　200436

答辩委员会对论文的评语

薛纭同学的博士学位论文的选题属于一般力学和固体力学的交叉领域,具有重要的理论意义和应用背景.

论文取得的成果与创新点包括以下几个方面:

(1)建立了弹性细杆静力学问题的分析力学框架,包括基本概念、微分变分原理、积分变分原理、微分方程以及初积分等.

(2)引进复刚度和复柔度概念,将弹性细杆的Schrödinger方程从圆截面推广到非圆截面.

(3)用一次近似理论讨论了Kirchhoff方程常值特解的Lyapunov稳定性,并研究了受曲面约束的圆截面弹性细杆的平衡问题.

(4)给出了双重自变量离散系统的动态稳定性的定义,讨论了非圆截面直杆平衡的动态稳定性.

论文选题新颖,有相当难度,理论性强,是一篇优秀的博士论文.论文反映出作者较全面地掌握了与本课题相关的国内外发展动态,显示了作者具有坚实宽广的基础理论和系统深入的专门知识,具有很强的独立科研能力.

在答辩中论述清楚,回答问题正确.

答辩委员会表决结果

经答辩委员会投票表决，全票(5票)通过薛纭同学的博士学位论文答辩，并建议授予博士学位．

答辩委员会主席：梅凤翔

2004 年 6 月 25 日

摘　要

　　以 DNA 等一类生物大分子为背景的超细长弹性杆非线性力学是经典力学与分子生物学的交叉领域,在方法内容上是用一般力学的概念和方法研究杆的变形和运动,因而也是动力学与弹性力学的交叉领域,是当前一般力学的前沿课题之一.本文研究非圆截面超细长弹性杆的建模问题.在研究内容和研究方法上进行调研,将分析力学的理论和方法系统地应用到杆的建模理论中去,将 Schrödinger 方程从圆截面推广到非圆截面;研究了曲面上杆的平衡问题,讨论了 Kirchhoff 方程的相对常值特解及其 Lyapunov 稳定性;研究了杆的变形和运动的几何关系,以及动力学问题,应用一次近似方法,讨论了具有原始扭率的直杆平衡的 Lyapunov 动态稳定性.全文包括以下八个方面:

　　1) 简要阐述了弹性细杆力学的应用背景和 DNA 双螺旋结构,重点阐述了超细长弹性杆的研究历史和现状.表明了一般力学和分子生物学,以及和弹性力学的交叉性.

　　2) 概述了超细长弹性杆力学的基本理论与基本方法,指出了 Kirchhoff 理论的基本假定及其适用前提和意义;给出了弹性细杆平衡位形的几何描述;列举了弹性细杆静力学与重刚体动力学之间的"Kirchhoff 动力学比拟";在 Saint-Venant 原理的意义上建立了 Kirchhoff 方程的定解问题,明确了弹性细杆平衡的 Lyapunov 稳定性和 Euler 稳定性以及平衡稳定性在概念上的异同.简述了弹性细杆静力学的 Cosserat 理论.

　　3) 将分析力学的理论和方法移植到弹性细杆静力学,建立了弹性细杆平衡问题的分析力学框架.以杆横截面为对象,分析了自由度、约束、约束方程和约束力,建立了各种形式的 D'Alembert-Lagrange 原

理、Jourdain 原理和 Gauss 原理,建立了 Hamilton 原理和 Hamilton
正则方程;导出了 Lagrange 方程、Nielsen 方程、Appell 方程和
Boltzmann-Hamel 方程.对于受几何或非完整约束的杆,导出了带乘
子的 Lagrange 方程;对于杆中心线存在尖点的情形,导出了与分析
力学碰撞方程形式相同的近似计算公式.

4) 根据作者提出的弹性细杆的复刚度和复柔度概念,将弹性细
杆的 Schrödinger 方程从圆截面推广到非圆截面,在此基础上导出了
无扭转杆关于曲率的 Duffing 方程,用一次近似理论讨论了特解的
Lyapunov 稳定性,作出了 Duffing 杆的 3 维数值模拟图;作为
Schrödinger 方程的应用,讨论了几何特性用曲率、挠率和截面扭角表
示时的圆截面杆平衡的反问题.

5) 分别计算了 Kirchhoff 方程相对惯性参照系、截面主轴坐标
系以及中心线 Frenet 坐标系的常值特解,并用一次近似理论讨论了
它们的 Lyapunov 稳定性,在参数平面上画出了稳定域.讨论中进行
了动力学比拟.

6) 研究受曲面约束的圆截面弹性细杆的平衡问题.提出曲面约
束的基本假定,建立受曲面约束的圆截面弹性细杆的 Kirchhoff 方
程;作为应用,讨论了约束是圆柱面的情形,导出方程的螺旋杆特解,
进行数值模拟并作出杆中心线在不同起始条件下的 3 维几何图象.

7) 研究 Kirchhoff 杆动力学.分析截面运动和变形的几何关系,
导出截面弯扭度与角速度的基本方程,建立了 Kirchhoff 杆的动力学
方程;研究了杆的动态稳定性,给出了双重自变量离散系统的动态稳
定性的定义,讨论了具有原始扭率的非圆截面直杆平衡的动态稳定
性.

8) 总结和展望.从本构关系、约束或介质环境、反问题、数值计算
以及与分子生物学的结合等诸方面对超细长弹性杆非线性力学的未
来的发展作出展望,提出新的课题.

关键词:超细长弹性杆,Kirchhoff 理论,分析力学,Schrödinger 方程

Abstract

Nonlinear mechanics for a super-thin elastic rod with the biological background of DNA supercoiling macromolecules is an interdisciplinary area of classical mechanics and molecular biology. It is also one of dynamics and elastic theory because elastic bodies are analyzed via the theory of dynamics. It is in frontiers of general mechanics (dynamics, vibration and control). This dissertation investigates the modeling of a constrained super-thin elastic rod and analyses of the stability in equilibrium. The existing research results are summarized. Analytical mechanics is systematically applied to model an elastic rod. The Schrödinger equation expressed by complex curvatures or complex bending moments is, respectively, extended from circular to non-circular cross section. Equilibrium of a rod constrained on a surface is investigated. Special solutions of the Kirchhoff equation related to various reference frames, such as inertia coordinate systems, principal coordinate systems fixed in cross section and the Frenet coordinate systems of central line of a rod, are obtained and their Lyapunov stability is analyzed. Geometrical relationships between deformation and kinematics of a cross section are derived. Dynamical equations of a cross section of a rod are established and theorems on the first-approximation stability are developed. The dissertation consists of eight parts shown bellow:

（1）The application background of elastic rod mechanics and DNA supercoiling structure are outlined. The super-thin elastic rod research history and current developments are detailed. It shows the interdisciplinary of classical mechanics, molecular biology and elastic mechanics for this subject.

（2）The basic theory and method of a super-thin elastic rod mechanics are addressed. The fundamental hypothesis, application conditions and significances of the Kirchhoff theory are presented. Geometrical description of a thin elastic rod equilibrium position is given. Examples of "the Kirchhoff dynamical analogy" between statics of a super-thin elastic rod and dynamic of a heavy rigid body are presented. Determination solution of Kirchhoff equation on Sanit-Venant's principle is established. It is distinguished that the concepts among Lyapunov stability, Euler stability and stability of a state of equilibrium. The Cosserat theory on statics of a thin-elastic rod is introduced.

（3）By applying the theory and method of analytical mechanics to the modeling of a thin-elastic rod, the framework of analytical mechanics is constructed for the equilibrium of a super-thin elastic rod. For the cross section of a rod, concepts such as freedom, constraints and constrained equations and constrained forces are analyzed. And various variational principles of mechanics, such as the D'Alembert-Lagrange principle, the Jourdain principle, and the Gauss principles are established. The principles are applied to derive the Hamilton canonical equation, the

Lagrange equation, the Nielsen equation, the Appell equation and the Boltzmann-Hamel equation. For the case that a rod is subjected to constraints, the Lagrange equation with undetermined multiplier is presented. In the neighborhood of a singular point, the equation of equilibrium is transformed into the same form as the one for collisions.

（4） The Schrödinger equation expressed by complex curvatures or complex bending moments are generalized from circular to non-circular cross section by means of complex rigidity or complex flexibility respectively. When the principal coordinate system fixed in the cross section coincides with the Frenet one of the centerline of a rod, the Schrödinger equation leads to the Duffing equation about the curvature of the centerline of a rod. Lyapunov stability of its special solutions is investigated based on the first-approximation stability theory. The 3-dimensional numerical simulation of the Duffing rod is performed. As an application of the Schrödinger equation, inverse problem is treated when the behavior in geometry is expressed by curvature, torsion and angle of cross section related to Frenet coordinate.

（5） Special solutions of the Kirchhoff equation related to various reference frames, such as inertia coordinate systems, principal coordinate systems fixed in cross section and Frenet coordinate systems of central line of a rod, are obtained. The first-approximation stability theory is applied to study the Lyapunov stability of those special solutions. Stable areas are determined in the parameter plane. Dynamical analogy is made in these discussions.

（6）The equilibrium of a super-thin elastic rod with circular cross section constrained to a surface is analyzed. The Kirchhoff equation is established for constrained rod. The equation is applied to the case in which the constrained surface is a cylinder, and a special solution of a helical rod is derived. The 3-dimentional plots of the rod at different initial conditions are drawn according to numerical computation.

（7）Dynamics of a Kirchhoff rod is studied. The geometrical relationships between the motion and the deformation of a cross section are analyzed, and the dynamical equation of a cross section is established. Equilibrium stability of a rod is studied in the sense of dynamics. Definitions of stability of discrete dynamical system with two independent variables, i. e. time and arc coordinate, are given and theorems on the first-approximation stability for the system are developed.

（8）Conclusions of the paper are given. Future research topics proposed. Those topics include a rod with nonlinear constitutive relations and/or subjected to various kinds of constrains, inverse problem of rod mechanics, numerical simulation for more general case, and problems arising from molecular biology.

Key word：super-thin elastic rod，Kirchhoff theory，analytical mechanics，Schrödinger equation

目　录

第一章　前　　言

1.1　引言

　　经典力学和分子生物学这两门学科在 20 世纪 70 年代找到了结合点,DNA 等一类生物大分子以超细长弹性杆为力学模型用 Kirchhoff 弹性杆理论研究其平衡和稳定性问题,形成一个分子生物学与力学交叉的新的研究领域. 这一学科的交叉起因于分子生物学需要研究生物分子的空间形态,它是其生物化学性质的重要决定因素之一,而其力学模型属于 Kirchhoff 弹性杆理论的研究范畴. 分子生物学背景为弹性细杆力学不断提出新的研究课题,经典力学为分子生物学现象作出力学解释,这种交叉与渗透极大地促进了学科的发展,反映了当代科学发展的基本趋势.

　　本章首先简述超细长弹性杆的应用背景和 DNA 双螺旋结构,重点阐述弹性细杆研究的历史和现状、概述本选题的意义以及本文的主要工作及其特点.

1.2　超细长弹性杆非线性力学的应用背景

　　长期以来,弹性细杆力学作为弹性力学的分支是以柱、电缆、绳索、钻杆等为其工程背景加以研究的. 而促成其近代发展是却是分子生物学.

　　在分子生物学领域中,Watson 和 Criek(1953 年 4 月 25 日的英国《自然》杂志)提出 DNA 分子的双螺旋三维结构模型成为 20 世纪最伟大的科学发现之一,他俩因此荣获 1962 年诺贝尔奖[1,2]. 从此以后,关于 DNA 的技术迅速发展. DNA 双螺旋结构由两条螺旋形脱氧核苷酸链和联系二螺旋线的碱基对组成(见图 1.1),可以分成多个层次[3,4]:一级结构,即化学结构,指 DNA 分子中的核苷酸的排序;二级结构,指 DNA 的双螺旋结构;三级结构,指双螺旋链的扭曲,例如,超螺旋结构(见图 1.2).为有可能研究这种三维结构的几何形态及稳定性,Fuller 提出可以建立一种简化的宏观力学模型[5],即简化为具有原始扭率的圆截面线弹性细杆[6].以这种力学模型为基础,经典力学的基本原理和方法可以得到充分应用.所需要的基本物理常数,如杨氏模量、泊松比,以及相应抗弯和抗扭刚度等均可由实验测定(见表 1.1)[7],其余参数可由表中数据计算得到,例如,截面的直径、对主轴的惯性矩和对形心的极惯性矩等几何参数,以及剪切模量等物理参数.微观的 DNA 分子以弹性细杆为宏观力学模型,其超细长性可用人体细胞的最大染色体所含的 DNA 分子说明:螺旋直径约为 2 nm,而长度可达 7 cm,杆长为直径的 3.5×10^7 倍,如此超细长分子链往复缠绕容纳在半径仅 10 μm 的狭小的细胞核空间内.因此 DNA 的弹性杆模型以其极端细长性和超大变形而完全不同于传统弹性力学的研究对象.

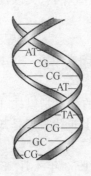

图 1.1　DNA 双螺旋结构　　　　图 1.2　DNA 超螺旋结构

表 1.1   DNA 的几何和物理参数的典型实验数据

参 数 名 称	符　　号	实 验 数 据
截 面 积	A_S	3.1×10^{-14} cm^2
杨氏模量	E	1.6×10^9 dyne/cm^2
泊 松 比	ν	0.23
抗弯刚度	A, B	1.3×10^{-19} erg · cm
抗扭刚度	C	1.0×10^{-19} erg · cm
原始曲率	κ^0	0 cm^{-1}
原始扭率	ω_3^0	1.8×10^7 cm^{-1}

1.3   超细长弹性杆非线性力学研究的历史和现状

　　弹性细杆的平衡和稳定性是经典的力学问题,其研究历史最早可追溯到 Daniel Bernoulli 和 Euler(1730)[8]. Euler 建立的细长压杆的稳定性理论在现代工程技术中得到广泛的应用,稳定性已成为衡量压杆承载能力的重要指标之一[9]. Kirchhoff(1859)建立的弹性细杆静力学理论属于小应变大位移(包括大转动)理论[10,11],以电缆、绳索、钻杆等为其工程背景,研究平衡和稳定性问题. 这一理论的特点是杆的静力学平衡方程与重刚体的定点转动动力学方程在数学形式上完全一致,因而可以对弹性杆静力学进行动力学比拟,即用动力学的概念和方法研究杆的静力学问题. 由于对象的不同,也带来了一些新的和困难的问题. Kirchhoff 理论在 Love(1927)的弹性力学著作中有详细的叙述[12]. 国内关于弹性杆的研究多从固体力学的角度研究其应力和应变的关系以及通常意义上的大位移问题,而关于 Kirchhoff 理论的论述和研究工作不多,仅在陈至达(1994)以及武际可和苏先樾(1994)的著作中有简略的介绍[13,14]. 没有找到国内出版的包括此部分内容的其它弹性力学著作.

    国内或中文文献对弹性细杆 Kirchhoff 理论的研究较少且多限于工程技术背景. 武际可(1987、1994)等从 Kirchhoff 方程出发研究了弹性细杆受压时平衡的 Euler 稳定性[14,15];指出如果扰动方程没有非零解,则平衡位形是稳定的,反之是不稳定的,给出了 5 个算例. 吴柏生(1991)研究矩形截面细长杆在轴压下的后屈曲行为和二次分叉,分析了各个解支的稳定性[16]. 陈至达(1994)用一维拖带坐标阐述了 Kirchhoff 理论,给出了应用椭圆积分求解梁与框架大挠度的一些数值结果,用 Kirchhoff 方法建立了任意形状截面杆的运动方程,讨论了螺旋弹簧的平衡问题[13]. 以石油工程为背景,刘凤梧(1998,1999)等研究了管柱在压扭组合作用下的屈曲行为[17,18];李尧臣(2002)研究圆截面杆在曲线井中的屈曲问题[19]. 刘延柱(2001,2002,2003,2004)以 DNA 双螺旋结构为背景,建立了螺旋杆力学模型[20],显然较文献中的直杆,或是具有原始曲率和扭率的曲杆,螺旋杆力学模型更符合双螺旋结构的实际情形;将动力学中的两个重要的基本概念应用到弹性细杆的静力学中去,研究了非圆截面弹性细杆的平衡稳定性和分岔[21];建立了双自变量离散系统平衡的动态稳定性定义和一次近似方法,讨论了直杆平衡的动态稳定性,指出静态稳定是动态稳定的必要条件[22]. 这里的稳定性是指 Lyapunov 稳定性[23]. 讨论了弹性细杆的螺旋平衡的分岔和稳定性[24]. 对弹性细杆基因模型作了综述,提出了一些值得探讨的问题[25].

    近 30 年中,弹性细杆非线性力学的英语研究论文超过二百篇. 除力学期刊以外,多发表在化学物理(Chemical Physica)、物理化学(Physical Chemistry)、物理评论(Physical Review Letters,Physical Review),高分子化学(Biopolymers)、以及分子生物学(Molecular Biology)等学科的刊物上. Frisch-Fay (1962)[26]、Antman (1972,1995)[27,28]和 Ilyukhin (1979)[29]的专著系统地总结了弹性杆非线性力学的经典理论.

    弹性细杆的平衡和稳定性问题有着广泛的实际背景,电缆、绳索、钻杆、纤维乃至自然界中攀藤植物的细茎都可将弹性细杆作为其力学模型. 以海底电缆等工业技术为背景，Zajac（1962）[30]，Cohen（1966）[31]，James（1981）[32]，Knap（1988，1994）[33,34]，Coyne（1990）[35]等对圆截面杆的平衡稳定性问题作了深入的研究. 由于数学微分方程的相似性，弹性杆非线性力学的研究结果也与更广泛的领域发生联系，如卷浪的传播、涡管的运动、太阳黑子的形成等. 而近代最重要的促使弹性细杆力学发展的新领域是分子生物学.

大量的研究论文是以分子生物学为背景，弹性细杆是作为 DNA 等一类生物大分子的力学模型研究的. 在表现弹性杆的几何形态上是用截面的姿态坐标，例如 Euler 角等；用扭转数（twisting number）、连接数（linking number）和缠绕数（writhing number）等表示中心线和截面相对中心线的拓扑性质[36-39]，杆的中心线又分为封闭和不封闭 2 种情况. 在建模方法上有 Kirchhoff 方程的矢量方法，有最小势能原理和 Lagrange 方程和 Hamilton 原理为代表的分析力学方法[40,41]，以及由这些方程经数学变换导出的其它形式的方程，如 Schrödinger 方程. 在研究内容上主要是平衡和稳定性问题以及混沌、分岔等[42]. 求解目标主要是解析解和数值解以及解的可视化. 在杆的运动形态上大多属于静力学，运动学和动力学相对较少. 在杆与周围的接触上，多不考虑所处环境，少量文献研究考虑自身接触或存在约束或存在介质的情况.

代表性工作主要有：

Fuller（1971）[5]最早研究了 DNA 双螺旋结构的拓扑性质，定义并研究了缠绕数这一空间曲线的几何不变量，讨论了 DNA 双螺旋分子连接数的影响因素和局部受扭杆的螺旋减弱问题[43,44]；还讨论了生物学中的一些数学问题[45].

van der Heijden、Champneys 和 Stump 等（1997～2003）发表了一系列文章，研究了非圆截面杆的平衡和屈曲等问题[46-64]. 在考虑剪切变形的情况下用 Cosserat 理论建立了平衡方程[46]，并用打靶法计算了边值问题[53]；讨论了平面上的杆的平衡等问题[48]；研究了依靠端点力和力偶约束在柱面上的杆的平衡问题，当截面是对称时平衡方程等同于单自由度振子的振动方程[51,52]. 用匹配渐近展开方法研究了在重力和液体浮力联合作用下受扭固支杆的平衡问题[54]. 以电缆为背景,研究在固定端条件下压弯变形杆的侧向不稳定性[51];以工程绳索和生物纤维为背景,研究了 n 股绳索的几何和平衡问题[57]. 考虑杆之间的接触力,改进了不可伸长弹性杆的缠绕模型[59]. 用渐近方法和数值方法研究了有限长的杆在一端用铰支悬挂和重力作用下的平衡问题[60]. 对杆的互相缠绕进行的几何研究[58,61-63]. 利用 Kirchhoff 动力学比拟和扭转数、连接数和缠绕数概念计算了屈曲后杆的几何性质[49,64].

Starostin 等用 Kirchhoff 理论研究了环状 DNA 的 3 维几何形状[65],并考虑了与自身的接触[66,67],用弹性力学近似方法给出了封闭 DNA 的各种 3 维几何形状[68].

Shi 和 Hearst 对杆平衡方程形式的研究最为突出[69-71]. 对于圆截面杆,建立了以复曲率为变量的,与孤立子理论中的 Schrödinger 方程具有相同数学形式的平衡微分方程,使应用孤立子理论的概念和方法研究杆的平衡和稳定性问题成为可能. 此方程可以导出以挠性线的曲率和挠率为变量的微分方程,进而得到初积分和用椭圆函数表示的解析解. 用曲率和挠率为变量的平衡方程将为解决一类平衡的反问题带来方便.

对弹性细杆动力学的研究是以 Goriely 等人的工作为代表. 用摄动方法研究了弹性细杆平衡的稳定性[72,73];并进行了非线性分析[74,75];研究了直螺旋杆的稳定性和分岔现象[76-78];描述了受扭杆自发环(spontaneous looping)的形成,讨论了其稳定性问题[79,80],等等[81].

Davis 和 Moon (1993)[82] 等研究了弹性杆力学中的分岔和混沌问题.

将 DNA 双螺旋的力学模型取为对称、线弹性杆进行平衡问题研究的还有早期的 Benham 的工作[6,83-88].

值得注意的是 Zhou, Zhang 和 Ou-Yang 与分子生物学实验结合的理论工作表明了这一交叉学科的实际意义[89-91].

Tobias 和 Coleman 等的工作面较广[92-94].为求解弹性杆的平衡位形和用连接数的改变 ΔTw 表示弹性变形能而提出了基于 Kirchhoff 理论的有限元方法,这个方法还可以处理存在自身接触的问题[95];用 Kirchhoff 理论处理了端点受约束的环状 DNA 片段的平衡问题[96];在杆端受约束时的弹性势能中引入 Lagrange 乘子并对 Euler-Lagrange 方程应用 Newton-Raphson 方法进行数值计算,讨论了带切口和不带切口的环的平衡问题[97];讨论了具有原始曲率和原始扭率的封闭圆环的转动动力学[98];用 Euler 参数表示位形,对具有原始曲率且沿杆长方向弯曲和扭转不均匀的杆,用 Newton-Raphson 方法计算了在考虑自身接触力的情况下的平衡位形[99];以及用连接数、扭转数和缠绕数描述 DNA 位形,侧重点在分子生物学上的工作[100-103].Coleman 工作还给出了具有原始扭率的封闭圆截面环的平衡位形的解析表示方法,并讨论了 DNA 弹性杆模型的应用问题[104].

Klapper 等研究了 3 维动力粘性 Kirchhoff 杆,数值计算中考虑了伸长和接触力,给出了具有生物学意义的几个数值结果[105].讨论了一些其它问题[106,107].

Goldstein 对纤丝(filament)进行了系列研究[108-112],Simo 对梁的超大变形的数值计算[113,114].

其它工作还有,

几何方面,用 Riemannian 几何表述 Kirchhoff 弹性杆理论[115];给出缠绕数的 4 种计算方法并进行了比较[116],用路径积分计算圆截面杆的缠绕数[117],以及对曲线的拓扑性质的其它研究等[118-122].

平衡位形的计算上,根据欠旋和过旋 DNA 的构造,将 DNA 表示成拉力和指定联结数约束的柱对称弹性杆,导出了 Euler 角和联结数的基本关系,得到了分子空间位形的解析表示[123].用变分方法研究存在剪切变形(Cosserat 理论)的非线性弹性杆的障碍问题(obstacle Problem)[124];将圆截面的 Kirchhoff 方程的解与陀螺运动进行类比,由此对 Kirchhoff 杆的形状进行分类[125].在与实验的结合上,由弹性变形能的一阶变分为零,导出的圆环的 4 个解,这个结果与现有的实验结果吻合[126]. 以弹性杆为模型,用连续方法求解 Kirchhoff 方程的边值问题,计算了乳糖操纵子(lac operon)中的 DNA 环的形状[127].

由于平衡微分方程的高度非线性,数值计算是实用方法,主要有用打靶法计算载荷和边界条件确定的有限长度杆的平衡位形[128].

稳定性研究上,用一次近似方法讨论零解的稳定性[129]. 证明了由于拓扑限制造成的全局约束将导致封闭弹性杆的高分支亚稳结构[130].

受约束的弹性杆的平衡和稳定性问题受到关注. 以圆截面线弹性杆为模型,用 Kirchhoff 理论讨论了在外加约束下 DNA 的 3 级结构是如何变化的问题,这有助于认识 DNA 的一些生物学问题[131].

在动力学方面,研究了不可伸长的柔性绳从给定高度连续下落到水平面上形成螺旋的有趣问题[132].

将弹性细杆作为 DNA 力学模型的研究工作中,极大多数工作没有考虑所处环境的作用. 实际上,环境的影响有时是不可忽略的. 文献[133]建立液晶中的微柔性杆动力学;[134]和[135]考虑粘性液体介质,研究杆绕一端转动的动力学和运动压杆的 Euler 屈曲问题.

对 DNA 单分子物理性质的研究工作有文献[136－140]和[141]对 DNA 模型的讨论.

1.4　超细长弹性杆非线性力学研究的意义和应用前景

研究超细长弹性杆力学的意义首先表现在学科的交叉上. 弹性力学的研究对象,一般力学的研究方法,分子生物学的应用背景使这一研究领域异常活跃. 不断出现的新问题和新方法促进了学科的交叉和发展. 一般力学有了新的研究对象,弹性力学有了新的研究方法,弹性细杆有了新的应用背景. 超细长弹性杆非线性力学问题的研究还与更广泛的领域发生联系,如卷浪的传播、涡管的运动、太阳黑子的形成等. 其次,有广泛的工程应用背景,除生物大分子外,如海底电缆、绳索、水下拖曳系统、钻杆、纤维乃至攀藤植物的细茎都可以将弹性细杆作为力学模型. 本文以建模为侧重点主要是考虑到这部分内容不完善,尤其是对于受约束杆,但它又是最基本的问题,是研究其它力学问题的前提. 虽然动力学是一门相对成熟的学科,但新的研究对象仍对一般力学提出了新的甚至困难的课题,这将在第二章中介绍.

上述表明本选题具有很好的应用前景,主要表现在与分子生物学的密切结合上. 期望通过对超细长弹性杆非线性力学的更深入的研究能够进一步回答分子生物学的诸多问题,为改变和控制生物大分子的分子生物学性质提供思路和理论依据.

本课题具有可持续研究的特点,超细长弹性杆非线性力学本身,包括理论与实验,以及和分子生物学的结合上还存在着许多亟待解决的问题(在第八章中介绍),这将为完成博士论文以后的研究工作提供了宽广的研究领域.

1.5 论文内容概述

全文共分 8 章.

第一章,作者简要阐述了弹性细杆的应用背景和 DNA 双螺旋结构,重点阐述了超细长弹性杆作为 DNA 超螺旋结构的力学模型的研究历史和现状. 概述了论文内容和主要工作.

第二章,概述了超细长弹性杆力学的基本理论与基本方法. 指出了 Kirchhoff 理论的基本假定及其适用前提、意义和对结果的影响;将刚体有限转动的 Euler 定理移植到截面,建立了截面有限转动的 Euler 定理;给出了弹性细杆平衡位形的几何描述;列举了弹性细杆静力学与重刚体动力学之间的"Kirchhoff 动力学比拟",明确了用动力学的理论和方法研究弹性细杆静力学的合理性;在 Sanit-Venant 原理的意义上建立了 Kirchhoff 方程的定解问题,最后讨论了弹性细杆平衡时的 Lyapunov 稳定性和 Euler 稳定性以及平衡稳定性的概念与异同. 简述了弹性杆平衡问题的 Cosserat 理论.

第三章, 作者将分析力学的理论和方法移植到弹性细杆静力学, 建立了弹性细杆平衡问题的分析力学框架. 以杆横截面为对象, 分析了自由度、约束、约束方程和约束力, 定义了实位移、可能位移和虚位移概念, 建立了 Kirchhoff 形式、Euler-Lagrange 形式、Nielsen 形式和 Appell 形式的 D'Alembert-Lagrange 原理、Jourdain 原理和 Gauss 原理, 以及 Gauss 原理最小拘束原理; 建立了 Hamilton 原理和 Hamilton 正则方程; 导出了 Lagrange 方程、Nielsen 方程、Appell 方程和 Boltzmann-Hamel 方程, 对于受几何或非完整约束的杆, 导出了带乘子的 Lagrange 方程; 对于杆中心线存在尖点的情形, 导出了与碰撞方程形式相同的近似计算公式.

第四章, 根据作者提出的弹性细杆的复刚度和复柔度概念, 将弹性细杆的 Schrödinger 方程从圆截面推广到非圆截面, 在此基础上导出了无扭转杆关于曲率的 Duffing 方程, 用一次近似理论讨论了特解的 Lyapunov 稳定性, 作出了 Duffing 杆的 3 维数值模拟图; 作为 Schrödinger 方程的应用, 讨论了几何特性用曲率、挠率和截面扭角表示时的圆截面杆平衡的反问题.

第五章, 分别计算了 Kirchhoff 方程相对惯性参照系、截面主轴坐标系以及中心线 Frenet 坐标系的常值特解, 并用一次近似理论讨论了它们的 Lyapunov 稳定性, 在参数平面上画出了稳定域. 讨论中进行了动力学比拟.

第六章, 作者研究了受曲面约束的圆截面弹性细杆的平衡问题. 提出了曲面约束的基本假定, 在分析约束、约束方程和约束力的基础上建立受曲面约束的圆截面弹性细杆的 Kirchhoff 方程. 作为应用, 讨论了约束是圆柱面的情形, 导出方程的螺旋杆特解. 进行了数值模拟, 作出了杆中心线在不同起始条件下的 3 维几何图象.

第七章, 作者对 Kirchhoff 杆进行动力学研究, 分析了 Kirchhoff 杆的运动和变形的几何关系, 导出了截面弯扭度与角速度的基本方程, 应用动量和动量矩定理建立了 Kirchhoff 杆的动力学方程; 研究了杆的动态稳定性,给出了双重自变量离散系统的动态稳定性的定义和一次近似方法,作为应用讨论了非圆截面直杆平衡的动态稳定性.

第八章,作者对本文工作进行了总结,从本构关系、约束或介质环境、反问题、数值计算以及与分子生物学的结合等诸方面对超细长弹性杆非线性力学的未来发展作出展望,提出新的课题.

1.6 作者的主要工作和本文的特点

作者的主要工作是以一类生物大分子为背景的超细长弹性杆的建模与分析的研究. 非圆截面的研究对象,分析力学的研究方法和下面的 3、4、7 构成本文的重要特点. 主要做了以下几个方面工作:

1. 综述了超细长弹性杆非线性力学研究的意义、历史和现状;

2. 概述了超细长弹性杆力学的基本概念、基本理论和基本方法;

3. 将分析力学的概念和方法移植到超细长弹性杆力学,克服了由此产生的一些问题,使其系统和完善;

4. 建立了复刚度和复柔度概念,将圆截面的 Schrödinger 方程推广到非圆截面;

5. 研究了受约束杆的平衡问题,建立了曲面上的 Kirchhoff 方程;

6. 分析了 Kirchhoff 方程的相对常值特解及其它的 Lyapunov 稳定性;

7. 建立了 Kirchhoff 杆的动力学方程,给出了双重自变量离散系统的稳定性定义及其一次近似方法,讨论了受扭直杆的 Lyapunov 动态稳定性.

8. 阐述了未来发展的几个问题.

第二章　超细长弹性杆非线性
　　　　力学的理论与方法概述

2.1　引言

弹性细杆静力学理论是 Kirchhoff 在 1859 年建立的[10-14]，其特点是在 Kirchhoff 假定下结合线弹性本构关系建立的矢量形式的力和力矩平衡微分方程的数学形式与刚体定点转动动力学方程相同，两者存在对应的比拟关系，即著名的"Kirchhoff 动力学比拟"．使刚体动力学的概念和方法应用于研究弹性杆的静力学问题成为可能，表明在内容和方法上刚体动力学只与杆的静力学"相当"，由此可知超细长弹性杆非线性力学的复杂性．本章简要阐述 Kirchhoff 假定及其适用条件；弹性细杆的离散化方法；弹性细杆静力学与刚体定点转动动力学在概念上的对应；Kirchhoff 方程的定解条件；杆平衡问题建模的分析力学方法；阐述杆平衡的 Euler 稳定性和从动力学移植而来的 Lyapunov 稳定性以及平衡的稳定性问题；简述了削弱 Kirchhoff 假定后的弹性细杆静力学的 Cosserat 理论．

2.2　超细长弹性杆的 Kirchhoff 假定

讨论长为 l 的非圆截面弹性细杆．Kirchhoff 在推导杆变形的平衡微分方程时作如下平面截面假定：

Kirchhoff 假定：垂直于杆中心线的横截面变形前为平面，变形后仍保持为平面，且垂直于变形后的中心线．

此亦称为 Kirchhoff 假定，它是 Kirchhoff 理论的核心内容之一．

Love 认为 Kirchhoff 假定适用于以下情形[13]:

    1）杆的长度远大于截面的尺度；

    2）变形后中性轴通过截面形心；

    3）中心线的曲率和挠率均为小量.

事实上，Kirchhoff 假定是略去非圆截面扭转和剪切弯曲造成的截面翘曲，并且用直杆公式代替曲杆公式. 它为弹性细杆的离散化提供依据，给进一步研究带来方便. 实验证实这个假定在相当大的变形范围内都适用. 符合 Kirchhoff 假定的弹性杆称为 Kirchhoff 杆. DNA 等一类生物大分子的极端细长性表明，以 Kirchhoff 杆为力学模型对问题的讨论具有足够的准确性. 因此，本文讨论超细长弹性杆非线性力学将采用基于这个假定的 Kirchhoff 理论.

    Kirchhoff 假定并非是超细长弹性杆静力学的必需，削弱这个假定建立的相应理论有 Cosserat 理论，这将在本章 2.10 节予以简介.

2.3　超细长弹性杆平衡位形的离散化

    在 Kirchhoff 假定下，按动力学比拟的思想，可将杆视为刚性截面沿中心线以随弧坐标的"单位速度"运动的轨迹，即杆是截面的弧坐标"历程". 因此，对杆平衡位形的研究转化为考察截面位形的弧坐标"历程". 除端部外不受约束作用的杆为自由杆，此情形下截面的位形需要由 6 个坐标确定，即截面形心和姿态各 3 个坐标.

    建立惯性坐标系 $O\text{-}\xi\eta\zeta$ 和与截面固结的形心主轴坐标系 $p\text{-}xyz$，沿坐标轴的单位基矢量分别为 $e^{\mathrm{I}} = (e_\xi \cdot e_\eta \cdot e_\zeta)^{\mathrm{T}}$ 和 $e^{\mathrm{P}} = (e_1(s)e_2(s)e_3(s))^{\mathrm{T}}$，其中 s 为中心线的弧坐标，e_3 为切向基矢量，指向弧坐标增加的方向. 存在如下关系

$$\dot{r} = e_3, \qquad (2.3.1)$$

式中 r 为中心线相对惯性坐标系的矢径，顶部点号表示对 s 的导数，可称为截面形心随弧坐标的速度，但不具有运动学的意义. 式（2.3.1）是

不可积的,构成对截面状态的非完整约束,使截面的"自由度"减为 3.
截面随弧坐标运动时主轴坐标系 p-xyz 相对惯性系 O-$\xi\eta\zeta$ 运动的
角速度称为截面的弯扭度,记作 $\boldsymbol{\omega}(s)$,它是表征杆弯扭程度的几何
量. 弯扭度在主轴坐标系下的分量形式为

$$\boldsymbol{\omega}(s) = \sum_{i=1}^{3} \omega_i \boldsymbol{e}_i, \qquad (2.3.2)$$

其中 $\omega_i(s)$ 为弯扭度 $\boldsymbol{\omega}(s)$ 沿主轴的投影,分量 ω_1, ω_2 表征杆的弯曲,即
与中心线的曲率有关,ω_3 表征截面的扭转.

弯扭度 $\boldsymbol{\omega}(s)$ 在 Frenet 轴系 p-NBT 下的投影式为

$$\boldsymbol{\omega}(s) = \kappa\boldsymbol{B} + (\tau + \chi)\boldsymbol{T}, \qquad (2.3.3)$$

式中 $\boldsymbol{N}, \boldsymbol{B}, \boldsymbol{T}$ 分别为中心线的单位主法矢,副法矢和切矢,$\boldsymbol{T} = \boldsymbol{e}_3$;
$\kappa(s)$ 和 $\tau(s)$ 分别为中心线的曲率和挠率,$\chi(s)$ 为 Frenet 轴系相对主轴
坐标系的转角,即 $\boldsymbol{e}_N \cdot \boldsymbol{e}_1 = \boldsymbol{e}_B \cdot \boldsymbol{e}_2 = \cos\chi$,则有关系

$$\omega_1 = \kappa\sin\chi, \ \omega_2 = \kappa\cos\chi, \ \omega_3 = \tau + \dot{\chi}, \qquad (2.3.4)$$

称

$$\boldsymbol{\omega}_F = \kappa\boldsymbol{B} + \tau\boldsymbol{T}, \qquad (2.3.5)$$

为 Darboux 矢量[142],是截面随弧坐标运动时 Frenet 轴系 p-NBT
相对惯性系 O-$\xi\eta\zeta$ 转动的角速度. Frenet 基的导数式即为 Frenet-
Serret 公式[142]

$$\begin{aligned}
\dot{\boldsymbol{T}} &= \boldsymbol{\omega}_F \times \boldsymbol{T}, \\
\dot{\boldsymbol{N}} &= \boldsymbol{\omega}_F \times \boldsymbol{N}, \\
\dot{\boldsymbol{B}} &= \boldsymbol{\omega}_F \times \boldsymbol{B}.
\end{aligned} \qquad (2.3.6)$$

写成矩阵形式

$$\begin{bmatrix} \dot{\boldsymbol{T}} \\ \dot{\boldsymbol{N}} \\ \dot{\boldsymbol{B}} \end{bmatrix} = \begin{bmatrix} 0 & \kappa & 0 \\ -\kappa & 0 & \tau \\ 0 & -\tau & 0 \end{bmatrix} \begin{bmatrix} \boldsymbol{T} \\ \boldsymbol{N} \\ \boldsymbol{B} \end{bmatrix}. \qquad (2.3.7)$$

表示中心线的几何形态有多种形式,例如,惯性空间 O-$\xi\eta\zeta$ 中的笛卡尔坐标,

$$\xi = \xi(s), \quad \eta = \eta(s), \quad \zeta = \zeta(s), \qquad (2.3.8)$$

或球面坐标,

$$r = r(s), \quad \varphi = \varphi(s), \quad \vartheta = \vartheta(s), \qquad (2.3.9)$$

或柱面坐标,

$$\rho = \rho(s), \quad \varphi = \varphi(s), \quad \zeta = \zeta(s), \qquad (2.3.10)$$

柱面坐标在表达螺旋线时尤显方便.

截面的姿态坐标常用的有以下几种[143]:

1) 欧拉角

Euler 角是文献中用得最多的姿态坐标,即用截面的进动角 ψ,章动角 ϑ 和自转角 φ 表示截面的空间方位. 由此,主轴基 $e^{P} = (e_1 e_2 e_3)^{T}$ 可用惯性基 $e^{I} = (e_\xi, e_\eta, e_\zeta)^{T}$ 表示为

$$e^{P} = A_{PI} e^{I}, \qquad (2.3.11)$$

过渡矩阵为

$$A_{PI} = \begin{pmatrix} c\psi c\varphi - c\vartheta s\psi s\varphi & c\varphi s\psi + c\psi c\vartheta s\varphi & s\vartheta s\varphi \\ -c\vartheta s\psi c\varphi - c\psi s\varphi & -s\varphi s\psi + c\psi c\vartheta c\varphi & s\vartheta c\varphi \\ s\psi s\vartheta & -c\psi s\vartheta & c\vartheta \end{pmatrix},$$

$$(2.3.12)$$

其中 c 表示 cos,s 表示 sin. 容易验证,矩阵 A_{PI} 是单位正交矩阵. 弯扭度可以用 Euler 角表示:

$$\begin{aligned} \omega_1 &= \dot{\vartheta}\cos\varphi + \dot{\psi}\sin\vartheta\sin\varphi, \\ \omega_2 &= -\dot{\vartheta}\sin\varphi + \dot{\psi}\cos\varphi\sin\vartheta, \\ \omega_3 &= \dot{\varphi} + \dot{\psi}\cos\vartheta. \end{aligned} \qquad (2.3.13)$$

式(2.3.1)用 Euler 角表示:

$$\dot{\xi} = \sin\psi\sin\vartheta, \qquad (2.3.14a)$$

$$\dot{\eta} = -\cos\psi\sin\vartheta, \qquad (2.3.14b)$$

$$\dot{\zeta} = \cos\vartheta. \qquad (2.3.14c)$$

表明式(2.3.1)等价 3 个不可积的标量方程.

Frenet 基 $\boldsymbol{e}^{\mathrm{F}} = (NBT)^{\mathrm{T}}$ 与惯性基 $\boldsymbol{e}^{\mathrm{I}} = (\boldsymbol{e}_{\xi} \quad \boldsymbol{e}_{\eta} \quad \boldsymbol{e}_{\zeta})^{\mathrm{T}}$ 的关系可以用 Euler 角及其导数表示. 式(2.3.1)也可写为

$$\boldsymbol{T} = T_{\xi}\boldsymbol{e}_{\xi} + T_{\eta}\boldsymbol{e}_{\eta} + T_{\zeta}\boldsymbol{e}_{\zeta}, \qquad (2.3.15)$$

式中 $T_{\xi} = \sin\psi\sin\vartheta$, $T_{\eta} = -\cos\psi\sin\vartheta$, $T_{\zeta} = \cos\vartheta$. 单位主法矢和副法矢用单位切矢表示为

$$\boldsymbol{N} = \frac{\dot{\boldsymbol{T}}}{|\dot{\boldsymbol{T}}|}, \quad \boldsymbol{B} = \frac{\boldsymbol{T}\times\dot{\boldsymbol{T}}}{|\dot{\boldsymbol{T}}|}, \qquad (2.3.16)$$

写成矩阵形式

$$\boldsymbol{e}^{\mathrm{F}} = A_{\mathrm{FI}}\boldsymbol{e}^{\mathrm{I}}, \qquad (2.3.17)$$

式中过渡矩阵为

$$A_{\mathrm{FI}} = \frac{1}{|\dot{\boldsymbol{T}}|}\begin{pmatrix} |\dot{\boldsymbol{T}}|T_{\xi} & |\dot{\boldsymbol{T}}|T_{\eta} & |\dot{\boldsymbol{T}}|T_{\zeta} \\ \dot{T}_{\xi} & \dot{T}_{\eta} & \dot{T}_{\zeta} \\ T_{\eta}\dot{T}_{\zeta}-T_{\zeta}\dot{T}_{\eta} & T_{\zeta}\dot{T}_{\xi}-T_{\xi}\dot{T}_{\zeta} & T_{\xi}\dot{T}_{\eta}-T_{\eta}\dot{T}_{\xi} \end{pmatrix}.$$
$$(2.3.18)$$

这也是单位正交矩阵, 与 A_{PI} 不同的是它还与广义速度有关.

从变换矩阵 A_{PI} 可知, 欧拉角存在奇点: $\vartheta = n\pi, (n = 0, 1, \cdots)$. 在奇点位置上切线轴 $\boldsymbol{e}_3$ 与惯性空间的 ζ 轴平行, 进动角 ψ 和自转角 φ 不能区分而变成不确定, 在此位置附近, 数值计算将出现困难.

2) Cardan 角

与截面固结的主轴坐标系 $p\text{-}xyz$ 从原先与惯性系 $O\text{-}\xi\eta\zeta$ 平行的位置按任意顺序绕 3 个主轴转动有限角度形成的角坐标称为 Cardan

角. 例如依次绕 e_1,e_2,e_3 轴转动 α,β,γ 角. 式(2.3.11)中的过渡矩阵为

$$A_{PI} = \begin{bmatrix} c\beta c\gamma & -c\beta s\gamma & s\beta \\ c\alpha s\gamma+s\alpha s\beta c\gamma & c\alpha c\gamma-s\alpha s\beta s\gamma & -s\alpha c\beta \\ s\alpha s\gamma-c\alpha s\beta c\gamma & s\alpha c\gamma+c\alpha s\beta s\gamma & c\alpha c\beta \end{bmatrix}. \quad (2.3.19)$$

弯扭度用 Cardan 角表示:

$$\begin{bmatrix} \omega_1 \\ \omega_2 \\ \omega_3 \end{bmatrix} = \begin{bmatrix} \cos\beta\cos\gamma & \sin\gamma & 0 \\ -\cos\beta\sin\gamma & \cos\gamma & 0 \\ \sin\beta & 0 & 1 \end{bmatrix} \begin{bmatrix} \dot{\alpha} \\ \dot{\beta} \\ \dot{\gamma} \end{bmatrix}. \quad (2.3.20)$$

Cardan 角也存在奇点 $\beta=\pi/2+n\pi,(n=0,1,\cdots)$. 在此位置附近,数值积分将出现困难.

3) Euler 参数

为克服 Euler 角或 Cardan 角的奇点造成的计算困难,文献中常用 Euler 参数表示截面的姿态. 按"Kirchhoff 动力学比拟",将刚体有限转动的 Euler 定理应用于截面,我们有:

弹性细杆横截面有限转动的 Euler 定理: s_1 截面的任意姿态可以从 s_0 截面的任意姿态出发,截面以单位速度沿中心线作平移的同时绕过形心的某轴的一次转动实现.

设转动轴的单位向量 p 在主轴基 e_i 上的投影为 p_i,绕此轴转过 ϑ 角. 定义 Euler 参数为

$$\lambda_0 = \cos\frac{\vartheta}{2},$$

$$\lambda_i = p_i\sin\frac{\vartheta}{2}, \quad (i=1,2,3). \quad (2.3.21)$$

直接计算可以验证 4 个 Euler 参数满足以下约束关系

$$\lambda_0^2 + \lambda_1^2 + \lambda_2^2 + \lambda_3^2 = 1. \quad (2.3.22)$$

可见,确定截面姿态的独立参数个数为 3. 方向余弦矩阵 A_{PI} 为

$$A_{\mathrm{PI}} = \begin{pmatrix} 2(\lambda_0^2 + \lambda_1^2) - 1 & 2(\lambda_1\lambda_2 + \lambda_0\lambda_3) & 2(\lambda_1\lambda_3 + \lambda_0\lambda_2) \\ 2(\lambda_2\lambda_1 + \lambda_0\lambda_3) & 2(\lambda_0^2 + \lambda_2^2) - 1 & 2(\lambda_2\lambda_3 - \lambda_0\lambda_1) \\ 2(\lambda_3\lambda_1 - \lambda_0\lambda_2) & 2(\lambda_3\lambda_2 + \lambda_0\lambda_1) & 2(\lambda_0^2 + \lambda_3^2) - 1 \end{pmatrix}.$$

$$(2.3.23)$$

弯扭度用 Euler 参数表示:

$$\begin{aligned} \omega_1 &= 2(\lambda_0\dot{\lambda}_1 - \lambda_1\dot{\lambda}_0 + \lambda_3\dot{\lambda}_2 - \lambda_2\dot{\lambda}_3), \\ \omega_2 &= 2(\lambda_0\dot{\lambda}_2 - \lambda_2\dot{\lambda}_0 + \lambda_1\dot{\lambda}_3 - \lambda_3\dot{\lambda}_1), \\ \omega_3 &= 2(\lambda_0\dot{\lambda}_3 - \lambda_3\dot{\lambda}_0 + \lambda_2\dot{\lambda}_1 - \lambda_1\dot{\lambda}_2). \end{aligned}$$

$$(2.3.24)$$

Euler 参数不存在奇点,但存在多余坐标.

本文以后的讨论和计算中主要用 Euler 角表示截面的姿态.

例:根据 Kirchhoff 假定,杆的位形可以由中心线和截面相对中心线的转角确定. 设杆长为 l.

1) 受扭的直杆:

中心线(直角坐标):$\xi = \eta = 0, \zeta = s$

截面扭角: $\varphi = \varphi(s), (0 \leqslant s \leqslant l)$

2) 平面闭圆环:

中心线(柱坐标):$\rho = \dfrac{l}{2\pi}, \vartheta = 2\pi\dfrac{s}{l}, \zeta = \text{const.}$

或(直角坐标):

$$\xi = \rho\cos\vartheta, \eta = \rho\sin\vartheta, \ \zeta = \text{const.}$$

截面扭角:$\varphi = \varphi(s), (0 \leqslant s \leqslant l)$

3) 螺旋杆:

中心线(柱坐标):

$$\rho = \rho_0, \vartheta = \frac{s\cos\beta}{\rho_0}, \zeta = s\sin\beta, (0 \leqslant s \leqslant l),$$

其中 β 为螺旋角.

截面扭角: $\varphi = \varphi(s)$, $(0 \leqslant s \leqslant l)$

2.4 超细长弹性杆平衡的 Kirchhoff 方程及其动力学比拟

2.4.1 超细长弹性杆平衡的 Kirchhoff 方程

给定弧坐标 s, 存在两个相对的截面, 规定截面的外法矢与弧坐标增加方向一致的截面称为 s 的正截面, 记为 s^+, 反之称为 s 的负截面, 记为 s^-. 建立以 s^- 和 $(s+\Delta s)^+$ 为端面的微段杆的平衡方程. 设截面内力的主矢和主矩在 s^- 截面上为 $-\boldsymbol{F}, -\boldsymbol{M}$; 在 $(s+\Delta s)^+$ 截面上为 $\boldsymbol{F}+\Delta\boldsymbol{F}, \boldsymbol{M}+\Delta\boldsymbol{M}$; 微段上沿中心线连续作用的分布主动力和力偶为 $\boldsymbol{f}(s), \boldsymbol{m}(s)$. 忽略杆的自相接触和可能的轴向变形, Kirchhoff 方程为

$$\frac{\tilde{\mathrm{d}}\boldsymbol{F}}{\mathrm{d}s} + \boldsymbol{\omega} \times \boldsymbol{F} + \boldsymbol{f} = 0, \tag{2.4.1a}$$

$$\frac{\tilde{\mathrm{d}}\boldsymbol{M}}{\mathrm{d}s} + \boldsymbol{\omega} \times \boldsymbol{M} + \boldsymbol{e}_3 \times \boldsymbol{F} + \boldsymbol{m} = 0, \tag{2.4.1b}$$

式中微分记号上的波浪号表示相对主轴坐标系的导数. 方程(2.4.1)并不封闭. 为确定杆的几何形态还需建立杆的本构关系, 实验表明, DNA 等一类大分子的本构关系可以表达为线性关系[6]

$$\begin{aligned} M_1 &= A(\omega_1 - \omega_1^0) \\ M_2 &= B(\omega_2 - \omega_2^0) \\ M_3 &= C(\omega_3 - \omega_3^0), \end{aligned} \tag{2.4.2}$$

式中 A, B 为截面关于 x, y 轴的抗弯刚度, C 为关于 z 轴的抗扭刚度; $\omega_i^0 = \omega_i^0(s)$, $(i=1,2,3)$ 为原始弯扭度分量. 如果 $\boldsymbol{f}(s), \boldsymbol{m}(s)$ 为已知函数, 则式(2.4.1)和(2.4.2)共 9 个微分/代数方程含有 F_i, M_i, ω_i, 9 个变量, 方程组封闭. 设原始弯扭度分量皆为零 $\omega_i^0 = 0$ $(i=1,2,3)$,

将本构关系代入式(2.4.1),写成分量形式:

$$\frac{dF_1}{ds} + \omega_2 F_3 - \omega_3 F_2 + f_1 = 0; \tag{2.4.3a}$$

$$\frac{dF_2}{ds} + \omega_3 F_1 - \omega_1 F_3 + f_2 = 0; \tag{2.4.3b}$$

$$\frac{dF_3}{ds} + \omega_1 F_2 - \omega_2 F_1 + f_3 = 0; \tag{2.4.3c}$$

$$A\frac{d\omega_1}{ds} + (C-B)\omega_2\omega_3 - F_2 + m_1 = 0; \tag{2.4.3d}$$

$$B\frac{d\omega_2}{ds} + (A-C)\omega_3\omega_1 + F_1 + m_2 = 0; \tag{2.4.3e}$$

$$C\frac{d\omega_3}{ds} + (B-C)\omega_1\omega_2 + m_3 = 0; \tag{2.4.3f}$$

由此,求解杆的平衡位形转化为解常微分方程组的定解问题. 由式 (2.4.3)解得弯扭度分量 ω_i 后,代入式(2.3.13)或(2.3.20)或 (2.3.24),可得到姿态坐标随弧坐标的变化规律. 于是,挠性线方程 可以对式(2.3.1)的积分得到,

$$\boldsymbol{r} = \int_0^s \boldsymbol{e}_3 \, ds, \tag{2.4.4}$$

2.4.2 刚体定点转动的 Euler-Poisson 方程

刚体绕定点转动动力学是经典力学的重要组成部分,是在理论和 应用上发展成熟了的一门学科[143,144]. 刚体绕定点转动动力学方程为

$$A\frac{d\omega_1}{ds} + (C-B)\omega_2\omega_3 = M_1; \tag{2.4.5a}$$

$$B\frac{d\omega_2}{ds} + (A-C)\omega_3\omega_1 = M_2; \tag{2.4.5b}$$

$$C \frac{\mathrm{d}\omega_3}{\mathrm{d}s} + (B-C)\omega_1\omega_2 = M_3 ; \qquad (2.4.5c)$$

称为 Euler 动力学方程,式中 A,B,C 为刚体关于转动点主轴的转动惯量,ω_i, M_i 分别为刚体的角速度和对转动点的力矩沿主轴的分量. 考虑力矩由重力产生,重力矩为

$$M_1 = mg(z_c\gamma' - y_c\gamma''), \qquad (2.4.6a)$$

$$M_2 = mg(x_c\gamma'' - z_c\gamma), \qquad (2.4.6b)$$

$$M_3 = mg(y_c\gamma - x_c\gamma'), \qquad (2.4.6c)$$

其中 m 为刚体的质量,x_c, y_c, z_c 为刚体的质心在连体主轴坐标系中的坐标,$\gamma, \gamma', \gamma''$ 为铅垂向上的单位矢量在连体主轴上的投影. 再需补充 3 个方程

$$\frac{\mathrm{d}\gamma}{\mathrm{d}s} + \omega_2\gamma'' - \omega_3\gamma' = 0 ; \qquad (2.4.7a)$$

$$\frac{\mathrm{d}\gamma'}{\mathrm{d}s} + \omega_3\gamma - \omega_1\gamma'' = 0 ; \qquad (2.4.7b)$$

$$\frac{\mathrm{d}\gamma''}{\mathrm{d}s} + \omega_1\gamma' - \omega_2\gamma = 0 ; \qquad (2.4.7c)$$

这就是 Poisson 方程. 联立方程组 $(2.4.5)$,$(2.4.6)$ 和 $(2.4.7)$ 封闭.

2.4.3　Kirchhoff 动力学比拟

将弹性细杆的 Kirchhoff 方程 $(2.4.3)$ 和刚体定点转动的 Euler-Poisson 方程 $(2.4.5)$ 和 $(2.4.7)$ 比较,当 $x_c = y_c = 0$ 时,可以看到两者的数学形式完全相同,表明弹性细杆静力学与刚体定点转动动力学在概念、方法乃至力学现象上存在对应关系,这就是著名的"Kirchhoff 动力学比拟". 事实上,这是因为 Kirchhoff 杆的平衡方程与离散系统动力学方程都是常微分方程的缘故,可以

进行更广泛意义上的比拟,其意义在于可以用动力学的理论和方法去研究弹性细杆的静力学问题,为弹性细杆静力学的研究提供新的思路和方法,反之则为动力学概念、现象和过程提供一个几何的描述. 表 2.1 列举了一些基本概念的比拟,力学现象和方法更广泛的对应在文中陆续给出. 一些动力学概念在弹性细杆静力学中将有新的含义,例如自由度、角速度以及 Lyapunov 稳定性,甚至碰撞现象等等,原则上经典力学的概念和方法都可以移植到弹性细杆静力学中去,形成弹性细杆静力学的经典力学方法,这正是本文的目的之一.

表 2.1 Kirchhoff 动力学比拟的部分对应关系

超细长弹性杆静力学	刚体定点转动动力学
研究对象:横截面	研究对象:定点转动刚体
自变量:弧坐标 S	自变量:时间 t
杆: 　截面的弧坐标历程	动力学过程: 　刚体运动的时间历程
截面上的主矢分量: 　F_1,F_2,F_3	刚体的重力矩: 　$mgz_c\gamma'$,$-mgz_c\gamma$,$mgz_c\gamma''$
截面的 Euler 角:ψ,ϑ,φ	刚体的 Euler 角:ψ,ϑ,φ
截面对形心主轴的 抗弯和抗扭刚度:A,B,C	刚体对连体主轴的 转动惯量:A,B,C
截面的弯扭度:$\omega=\omega(s)$	刚体的角速度:$\boldsymbol{\Omega}=\boldsymbol{\Omega}(t)$
横截面的弹性应变能: 　$T=\dfrac{1}{2}(A\omega_1^2+B\omega_2^2+C\omega_3^2)$	刚体的动能: 　$T=\dfrac{1}{2}(A\Omega_1^2+B\Omega_2^2+C\Omega_3^2)$

2.5 Saint-Venant 原理与 Kirchhoff 方程的定解问题

根据弹性力学理论,应力、形变和位移除了要满足各自的基本方程外,还必须满足各自的边界条件. 前者容易满足,后者却遇到很大的困难. 除了数学本身外,还因为工程上常遇到的实际情况是: 仅知面力的合成,而其分布情况并不明确,无从考虑这部分边界上的应力边界条件. Saint-Venant 原理为解决这一问题提供依据.

Saint-Venant 原理[145]:分布于弹性体上一小块面积(或体积)内的载荷所引起的物体中的应力,在离载荷作用区稍远处,基本上只同载荷的主矢和主矩有关;载荷的具体分布只影响载荷作用区附近的应力分布.

确定弹性细杆的平衡位形归结为求解 Kirchhoff 方程的定解问题,涉及截面主矩 M(或弯扭度 $\boldsymbol{\omega}$)和主矢 F 的起始或边界值,因而也存在如何满足边界条件的问题. 同理,我们也是在 Saint-Venant 原理的意义上讨论 Kirchhoff 方程的定解问题.

计算 Kirchhoff 杆的平衡位形归结为解 Kirchhoff 方程的定解问题. 用 Euler 角表示截面的姿态,则方程(2.4.1)是关于 Euler 角的 2 阶和截面主矢分量的 1 阶常微分方程组;方程(2.3.1)是关于挠性线坐标的 1 阶常微分方程组. 方程组(2.4.1)和(2.3.1)联立,积分后含有 $3+3\times2+3=12$ 个积分常数,因此,尚需建立同等数量的定解条件以确定这些积分常数. 然而,杆的起始值包括截面的形心和姿态坐标(各 3 个)、弯扭度分量(3 个)和主矢(3 个)共 12 个,终端同样有 12 个,两端边界值共有 24 个,这 24 个边界值中只可选定其中的 12 个作为定解条件,其余的边界值由 Kirchhoff 方程定解问题的解确定. 如果定解条件完全由起始值确定,则称起始值问题;而如果由两端的边界值确定的则称边值问题;兼而有之的称为混合问题.

一个特殊情形是封闭杆,即杆的中心线是封闭曲线. 封闭条件有 2 种情况:

1）连续条件：

$$r\,|_{s=0} = r\,|_{s=l},\ F\,|_{s=0} = F\,|_{s=l},$$
$$\psi\,|_{s=0} = \psi\,|_{s=l},\ \vartheta\,|_{s=0} = \vartheta\,|_{s=l},\ \varphi\,|_{s=0} = \varphi\,|_{s=l};\quad (2.5.1)$$

此条件只使连接处的中心线连续且光滑，并使相对的两个截面具有相同的姿态角.

2）连续并光滑条件：

$$r\,|_{s=0} = r\,|_{s=l},$$
$$\psi\,|_{s=0} = \psi\,|_{s=l},\ \vartheta\,|_{s=0} = \vartheta\,|_{s=l},\ \varphi\,|_{s=0} = \varphi\,|_{s=l};$$
$$\dot\psi\,|_{s=0} = \dot\psi\,|_{s=l},\ \vartheta\,|_{s=0} = \vartheta\,|_{s=l},\ \dot\varphi\,|_{s=0} = \dot\varphi\,|_{s=l}.\quad (2.5.2)$$

此条件使连接处的中心线连续，且具有 2 阶光滑，并使相对的两个截面具有相同的姿态角.

也存在兼而有之的第三种情形. 对于非圆截面封闭杆，为使连接处的表面也连续，必须要求两端的截面形状相同. 此时，杆的扭转数 Tw 为整数，扭转数 Tw 定义为

$$Tw = \frac{1}{2\pi}\int_0^l \omega_3 \mathrm{d}s = Tw_F + \int_C \mathrm{d}\chi,\quad (2.5.3)$$

其中

$$Tw_F = \int_0^l \tau \mathrm{d}s.\quad (2.5.4)$$

2.6 超细长弹性杆平衡问题建模的分析力学方法

除了 Kirchhoff 方程外，弹性细杆平衡微分方程还可以通过其它方法导出，例如，最小势能原理和 Lagrange 方程等分析力学方法. 除了 Kirchhoff 假定外，对弹性细杆再作以下假定：

1）杆为等截面，且截面沿截面上的 2 个主轴方向具有相同的几何尺度；

2) 忽略杆的体积力以及杆与自身的作用力;

3) 忽略杆的轴向变形和截面形状大小的改变;

4) 横截面上的主矢和弯扭度沿主轴的分量满足线性本构关系 (2.4.2).

弹性细杆的平衡微分方程也可由以下 Lagrange 方程导出

$$\frac{\mathrm{d}}{\mathrm{d}s}\frac{\partial \Gamma}{\partial \dot{q}_i} - \frac{\partial \Gamma}{\partial q_i} = 0, \quad (i = 1, 2, 3), \qquad (2.6.1)$$

式中

$$\Gamma = \frac{1}{2}\big[A(\omega_1 - \omega_1^0)^2 + B(\omega_2 - \omega_2^0)^2 + C(\omega_3 - \omega_1^0)^2\big] - F_3$$

为杆的弹性势能密度与主矢的切向分量之差,$q_i, (i = 1, 2, 3)$ 为截面的 3 个 Euler 角,ω_i 可用姿态坐标及其导数表示. 从方程(2.6.1)出发,可以讨论它的首次积分问题,其内容和方法与分析力学相同,但物理意义完全不同. 例如,若 $\partial \Gamma / \partial q_1 = 0$,则存在"循环积分"

$$\frac{\partial \Gamma}{\partial \dot{q}_1} = c_1 \qquad (2.6.2)$$

其物理意义是关于 q_1 的主矩分量守恒.

弹性细杆的平衡微分方程也可以从最小势能原理导出. 弹性杆的总势能是积分

$$S = \int_0^l \Gamma \mathrm{d}s, \qquad (2.6.3)$$

根据弹性力学中的最小势能原理,平衡位置是使总势能取最小值,即有

$$\delta S = \delta \Big(\int_0^l \Gamma \mathrm{d}s\Big) = 0, \qquad (2.6.4)$$

及

$$\delta^2 S > 0, \tag{2.6.5}$$

从最小势能原理(2.6.4)可以导出 Lagrange 方程(2.6.1).

2.7 超细长弹性杆平衡的 Euler 稳定性、Lyapunov 稳定性和平衡稳定性

弹性细杆的平衡方程是一个常微分方程组,因此,可以进行解的稳定性研究[23]. 弹性细杆的平衡方程可写作标准形式

$$\dot{\boldsymbol{y}} = \boldsymbol{Y}(\boldsymbol{y}, s), \tag{2.7.1}$$

其中, $\boldsymbol{y} = (y_1, \cdots, y_{12})^{\mathrm{T}}, \boldsymbol{Y} = (Y_1, \cdots, Y_{12})^{\mathrm{T}}$ 为 12 维列阵. 设式 (2.7.1)满足微分方程解的存在与唯一性条件,且存在特解

$$\boldsymbol{y}_s = \boldsymbol{y}_s(s). \tag{2.7.2}$$

它对应于杆的某一平衡位形,称为杆的未扰状态. 设杆在起始点受到扰动,s 截面偏离未扰状态,称为受扰状态,记为 $\boldsymbol{y}(s)$,未扰状态 $\boldsymbol{y}_s(s)$ 和受扰状态 $\boldsymbol{y}(s)$ 满足同一微分方程(2.7.1). 定义新的变量

$$\boldsymbol{x}(s) = \boldsymbol{y}(s) - \boldsymbol{y}_s(s), \tag{2.7.3}$$

称为对未扰状态的扰动,扰动方程为

$$\dot{\boldsymbol{x}} = \boldsymbol{X}(x, s), \tag{2.7.4}$$

其中

$$\boldsymbol{X}(x, s) = \boldsymbol{Y}(\boldsymbol{y}_s + x, s) - \boldsymbol{Y}(\boldsymbol{y}_s, s). \tag{2.7.5}$$

于是弹性杆的未扰状态等价于扰动方程的零解. 称不显含弧坐标的扰动方程

$$\dot{\boldsymbol{x}} = \boldsymbol{X}(x), \tag{2.7.6}$$

为自治的. 按扰动方式的不同,有 Euler 稳定性和 Lyapunov 稳定性 2 类稳定性问题.

2.7.1 Euler 稳定性问题

扰动是由干扰力引起的. 由于干扰力作用使挠性线的几何形状(边界条件不受扰动影响)发生改变,当干扰力撤除后杆能够恢复到原来的几何形状,则原来的平衡位形是稳定的,否则是不稳定的. 亦即,如果扰动方程(2.7.6)只有零解,则零解是稳定的;若除零解外,还存在非零解,则零解是不稳定的[14,15].《材料力学》教材中讨论的压杆的稳定性就是指 Euler 稳定性[9]. 除了要寻找稳定性的判据外,确定临界力也是稳定性的重要研究课题之一. Euler 稳定性属于静态稳定问题.

2.7.2 Lyapunov 稳定性问题

根据 Kirchhoff 动力学比拟的思想,将 Lyapunov 稳定性这个动力学概念移植到弹性杆的平衡问题中,于是就可以考虑弹性杆平衡的 Lyapunov 稳定性. 这种稳定性的扰动是由起始值改变引起的. 设弹性杆的位形是平衡微分方程起始值问题的解,Lyapunov 稳定性就是考察起始条件的扰动对远离起始点的截面位置的影响. 注意到作为平衡微分方程边值问题的解的杆的平衡位形是不属于 Lyapunov 稳定性的讨论范畴. 下面给出弹性杆 Lyapunov 稳定性理论的若干定义和定理[23].

定义 2.1 若给定任意小的正数 $\varepsilon > 0$,存在 $\delta > 0$,对于一切受扰状态,只要其起始扰动满足 $|x(s_0)| \leqslant \delta, (0 \leqslant s_0 \leqslant l)$,对于所有 $0 \leqslant s \leqslant l$,均有 $|x(s)| \leqslant \varepsilon$,则称未扰状态 $y_s(s)$ 是稳定的.

定义 2.2 若未扰状态稳定,且当 $s \rightarrow \infty$ 时均有 $|x(s)| \rightarrow 0$,则称未扰状态 $y_s(s)$ 是渐近稳定的.

定义 2.3 若存在正数 $\varepsilon_0 > 0$,对任意正数 δ,存在受扰状态 $y(s)$,当其初扰动满足 $|x(s_0)| \leqslant \delta$ 时,存在 s_1,满足:$|x(s)| = \varepsilon_0$,则称未扰状态 $y_s(s)$ 是不稳定的.

显然运动稳定性概念移植到弹性杆静力学,讨论平衡的 Lyapunov 稳定性时出现了新的问题. 前者的稳定条件是对扰动后的时间历程而言的,而弹性杆平衡却不同,其一表现在它要求稳定条件对扰动前后的截面都要满足. 如果扰动发生在杆的起始端,则可以用 Lyapunov 稳定性理论,尤其是线性化理论讨论杆平衡的稳定性问题;其二表现在稳定条件只要求在有限的杆长范围内满足,这类似于运动的有限时间稳定性问题[146-148]. 弹性杆平衡的 Lyapunov 稳定性也是静态稳定性.

假定超细长杆是有始无终的,且扰动方程是自治的. 关于自治系统的 Lyapunov 直接方法是基于以下 3 个基本定理,证明参见文献 [143,147,149].

定理 2.1 若能构造一个可微正定函数 $V(x)$,使沿扰动方程 (2.7.6)的解曲线计算的对弧坐标的全导数 dV/ds 对一切 $s \geqslant 0$ 为半负定或等于零,则弹性杆的未扰平衡状态是稳定的.

定理 2.2 能构造若一个可微正定函数 $V(x)$,使沿扰动方程 (2.7.6)的解曲线计算的对弧坐标的全导数对一切 $s \geqslant 0$ 为负定的,则弹性杆的未扰平衡状态是渐近稳定的.

定理 2.3 若能构造一个可微正定、半正定或不定号函数 $V(x)$,使沿扰动方程(2.7.6)的解曲线计算的全导数 dV/ds 为正定,则弹性杆的未扰平衡状态是不稳定的.

直接方法因避免求解微分方程而显示其优越性,然而,构造 V 函数并不容易,这一优越性难以体现. 由于 Kirchhoff 方程是严重的几何非线性方程,因此,一次近似理论是研究弹性杆平衡状态的 Lyapunov 稳定性的有效方法.

设扰动方程(2.7.6)的一次方程为

$$\dot{x} = Ax, \qquad (2.7.7)$$

式中 12×12 系数矩阵 $A = (a_{ij})$ 为在 $x = 0$ 处函数 $X = (X_i)$ 相对变量 x 的 Jacobi 矩阵

$$a_{ij} = \left(\frac{\partial X_i}{\partial x_j}\right)_{x=0}, \quad (i,j = 1,\cdots,12). \qquad (2.7.8)$$

矩阵 $A = (a_{ij})$ 的本征方程为

$$| A - \lambda E | = 0, \qquad (2.7.9)$$

这是关于 λ 的 12 次代数方程. 于是稳定性问题转化为本征值的实部符号判定. 关于线性方程(2.7.7)，有以下 3 个定理.

定理 2.4 若所有本征值的实部为负，则线性方程组的零解渐近稳定.

定理 2.5 若至少有一本征值的实部为正，则线性方程组的零解不稳定. 具有正实部的本征值的数目称为不稳定度.

定理 2.6 若存在零实部的本征值，且为单根，其余根无正实部，则线性方程组的零解稳定，但不是渐近稳定. 若为重根，则零解不稳定.

用线性化方程(2.7.7)推断原方程(2.7.6)的稳定性有以下 3 个定理.

定理 2.7 若一次近似方程的所有本征值的实部均为负，则原方程的零解渐近稳定.

定理 2.8 若一次近似方程至少有一本征值的实部为正，则原方程的零解不稳定.

定理 2.9 若一次近似方程存在零实部的本征值，其余根无正实部，则不能判定原方程的零解稳定性.

还可以用相平面方法讨论杆平衡的 Lyapunov 稳定性.

前述的杆平衡的 Euler 稳定性和 Lyapunov 稳定性都是静态稳定性，不是动力学意义上的稳定性. 只有在弹性杆动力学方程的基础上才能讨论真正的平衡稳定性. 这将在第七章中讨论.

2.8 关于数值方法

确定杆的平衡位形是一个常微分方程的定解问题. 由于超大位移使平衡微分方程呈现严重的非线性，所以除特殊的几个简单情形存在解析解外，一般都只能求数值解. 数值模拟的后处理是绘制弹性

杆的 3 维几何图象. 数学软件 Matlab 和 Mathematic 是常用的计算和
绘图工具.

2.9 动力学比拟中出现的问题

基于"Kirchhoff 动力学比拟",将一般力学的方法研究弹性细杆
的非线性力学并非意味着概念和方法的照搬. 由于对象的不同而出
现了一些新的甚至是困难的问题.

将分析力学方法应用于弹性细杆力学具有优越性, 然而, 弧坐标既
是空间变量,按动力学比拟又充任"时间"变量,这给诸如虚位移等一些
基本概念的理解上出现问题,从而导致结果并不与分析力学的完全一
致. 再有如何理解自由度、非完整约束和碰撞等这些分析力学中的基本
概念和现象在弹性细杆静力学中的意义和实际背景. 这很可能是为什
么至今尚未形成弹性细杆平衡问题的分析力学理论的原因.

将 Lyapunov 运动稳定性理论应用于弹性细杆平衡的 Kirchhoff
方程时,受扰状态仍然是平衡状态,因而稳定性在概念上已偏离其原
意,更不能将此与 Euler 稳定混淆. 在动力学中,稳定性是考察受扰后
的时间历程而与受扰前的时间历程无关. 而在弹性细杆力学中,必须
同时考察受扰点沿弧坐标正反两个方向的有限弧长下的稳定性. 显
然,这种稳定性在概念和方法上都提出了新的问题.

Kirchhoff 方程的严重非线性导致数值计算是唯一有效的普遍方
法. 动力学方程的初值问题比拟于 Kirchhoff 方程的起始值问题. 对
于前者,在不同时刻处在同一位置上的物体是不会碰撞的,然而后者
却不同. 因接触而产生的接触力不仅对以后而且对这之前的计算均
有影响,从而表明前面的计算无效. 边值问题不存在这一问题.

2.10 弹性细杆平衡问题的 Cosserat 理论

Kirchhoff 理论的核心是 Kirchhoff 假定,即不计截面翘曲和弯曲

剪应变,并且用直杆公式代替曲杆公式,从而使杆静力学的 Kirchhoff
方程与刚体定点转动的 Euler 方程在数学形式上的一致,动力学比拟
的思想由此产生. 考虑弯曲的剪切变形因素的 Cosserat 理论是对
Kirchhoff 理论的修正[28,46]. 下面作一简述.

削弱 Kirchhoff 假定是指杆的变形除了弯曲、扭转外还必须考虑
剪切和伸长. 此时,截面的主轴 e_1,e_2 张成的平面与轴线不再垂直,即
式(2.3.1)不成立,$\dot{r} \neq e_3$. 截面的变形用姿态和形心随弧坐标的变化
率两部分表示为

$$\boldsymbol{\omega} = \omega_1 \boldsymbol{e}_1 + \omega_2 \boldsymbol{e}_2 + \omega_3 \boldsymbol{e}_3, \tag{2.10.1}$$

$$\boldsymbol{v} = v_1 \boldsymbol{e}_1 + v_2 \boldsymbol{e}_2 + v_3 \boldsymbol{e}_3, \tag{2.10.2}$$

其中,$\boldsymbol{\omega}$ 为弯扭度,分量 ω_1,ω_2 源于弯曲变形,ω_3 源于扭转变形;v_1,v_2
产生于横向的剪切变形,v_3 为中心线的切向应变. 存在关系:

$$\dot{\boldsymbol{e}}_i = \boldsymbol{\omega} \times \boldsymbol{e}_i, \quad (i = 1, 2, 3),$$

$$\dot{\boldsymbol{r}} = \boldsymbol{v}, \tag{2.10.3}$$

在 Kirchhoff 假定下,不计剪切变形,有 $v_1 = v_2 = 0$,若不计轴向应
变,则 $v_3 = 1$,于是有 $\dot{r} = v = e_3$. 定义

$$\boldsymbol{v} = \boldsymbol{e}_3 + \boldsymbol{u}, \tag{2.10.4}$$

Kirchhoff 方程(2.4.1)修正为

$$\frac{\tilde{\mathrm{d}}\boldsymbol{F}}{\mathrm{d}s} + \boldsymbol{\omega} \times \boldsymbol{F} + \boldsymbol{f} = 0, \tag{2.4.5a}$$

$$\frac{\tilde{\mathrm{d}}\boldsymbol{M}}{\mathrm{d}s} + \boldsymbol{\omega} \times \boldsymbol{M} + \boldsymbol{v} \times \boldsymbol{F} + \boldsymbol{m} = 0 \tag{2.4.5b}$$

其中,f,m 沿中心线作用的分布力. 为使方程组封闭尚需给出本构关
系,除了式(2.4.2)

$$M_1 = A(\omega_1 - \omega_1^0),$$
$$M_2 = B(\omega_2 - \omega_2^0),$$
$$M_3 = C(\omega_3 - \omega_3^0);$$

(2.4.6)

外,还增加如下本构关系

$$F_1 = Hu_1, \ F_2 = Ju_2, \ F_3 = Ku_3,$$

(2.4.7)

其中,H, J 为横向剪切刚度,K 为轴向拉压刚度可表为 $K = EA_s$,E 为杨氏模量,A_s 为横截面面积.

表面上式 Cosserat 理论较 Kirchhoff 理论精确,由于 DNA 等一类大分子的极端细长性,这种精确并未产生显著的效果,文献量也表明这一理论并未成为弹性杆静力学的主流. 鉴于此,本文应用 Kirchhoff 理论研究超细长弹性杆的非线性力学问题.

基于 Cosserat 理论,可以展开与 Kirchhoff 理论平行的研究工作,例如,动力学问题,稳定性问题,分析力学问题以及和 Kirchhoff 理论的比较等等.

2.11 小结

1) 概述了 Kirchhoff 理论的基础——Kirchhoff 假定的适用性问题,指出 DNA 等一类生物大分子的极端细长性确保 Kirchhoff 理论的应用具有足够的准确性.

2) 对连续杆进行离散化,使杆是截面的弧坐标历程. 分析了截面的自由度,确定截面的广义坐标数为 6,由于受到一个非完整的矢量约束而使自由度减为 3.

3) 建立了描述截面位形的惯性坐标系、与截面固结的主轴坐标系和中心线的 Frenet 坐标系;给出了描述中心线几何形态的 3 种方法,详细介绍了确定截面姿态的坐标,即 Euler 角,Cardano 角以及 Euler 参数. 将 Euler 定理应用于截面,建立了截面有限转动的 Euler 定理.

4）介绍了弹性杆平衡的基本方程，即 Kirchhoff 方程，以及杆的线性本构关系. 求解杆的平衡位形转化为解一个常微分方程的定解问题. 明确了本文是在 Saint-Venant 原理的意义上讨论 Kirchhoff 方程的定解问题. 讨论了 Kirchhoff 方程的定解条件的 3 种提法，即起始条件、边界条件和混合条件；列出了杆的封闭条件.

5）通过将弹性杆的 Kirchhoff 方程与刚体定点转动的 Euler-Poisson 方程的对比，列举了弹性细杆静力学与刚体定点转动动力学在概念上的部分对应关系.

6）用 Lagrange 方程和最小势能原理建立平衡微分方程.

7）简要讨论了杆平衡位形的 Euler 稳定性，是关于扰动方程是否有非零解的问题；将运动稳定性概念引入杆平衡位形的讨论，给出了杆平衡的 Lyapunov 稳定性的定义、直接方法和一次近似方法.

8）数值方法和 3 维几何图象的绘制.

9）简述了弹性杆平衡问题的 Cosserat 理论.

第三章　超细长弹性杆建模的
分析力学方法

3.1　引言

　　分子生物学表明,DNA 等一类生物大分子一般是处在受约束的环境下,因此,其力学模型的平衡和稳定性问题属于约束系统的力学问题。分析力学是关于约束系统的力学理论,其研究历史已超过 200 年,是一门成熟并不断长出新枝的学科[143,144,150]. 按照 Kirchhoff 动力学比拟的思想,将分析力学方法移植到弹性细杆力学是有意义的. 虽然文献中也有用 Lagrange 方程或 Hamilton 原理建立弹性杆的平衡方程[40,41,97],但并不系统. 本章的主要工作是从基本概念出发,将分析力学的基本概念和方法移植到弹性杆力学,以期形成其分析力学的建模方法,为进一步研究约束杆的力学问题铺平道路. 主要内容有:定义了等弧坐标变分、Jourdain 变分和 Gauss 变分,以及截面的虚位移、虚弯扭度和虚角加速度概念,建立了各种形式的 D'Alembert-Lagrange 原理、Jourdain 原理、Gauss 原理和 Gauss 最小拘束原理,建立了 Hamilton 原理和 Hamilton 正则方程;导出了 Lagrange 方程、Nielsen 方程、Appell 方程和 Boltzmann-Hamel 方程. 对于受几何或非完整约束的杆,导出了带乘子的 Lagrange 方程;对于杆中心线存在尖点的情形,导出了与碰撞方程形式相同的近似计算公式.

3.2　约束、约束方程和约束力

　　在第二章中已经指出,除端点外不受约束的弹性杆截面的自由度是受到限制的,约束方程为(2.3.1),但这是伪约束.本节研究由曲面造成的约束及其约束力的性质.

设惯性空间中的曲面约束由方程

$$g(\xi_c, \eta_c, \zeta_c) = 0 \qquad (3.2.1)$$

描述.对约束作如下假设:

1) 约束曲面为小曲率曲面,且为连续、光滑和有向;

2) 约束为刚性和双面的;

3) 不计摩擦和约束力对杆截面形状的影响.

4) 截面的边界上有且只有一点与约束曲面接触.

约束曲面与杆表面存在如下约束关系:

$$\boldsymbol{\rho} = \boldsymbol{r} + \boldsymbol{b}, \qquad (3.2.2)$$

式中 $\boldsymbol{\rho}$ 为约束曲面上的点;$\boldsymbol{r} = \xi e_\xi + \eta e_\eta + \zeta e_\zeta$ 为截面形心的矢径;$\boldsymbol{b}(s,t)$ 满足 $\boldsymbol{b} \cdot \boldsymbol{e}_3 = 0$,为 s 截面的边界曲线方程,t 为参数,设 $\boldsymbol{b}$ 关于 s,t 具有 2 阶连续偏导数,且在 p-xy 平面中围成的区域是凸的.对于给定的 s,存在唯一的一点 $t = t(s)$ 满足式(3.2.2).由此得

$$\xi_c = \xi + b_\xi,$$
$$\eta_c = \eta + b_\eta, \qquad (3.2.3)$$
$$\zeta_c = \zeta + b_\zeta,$$

式中 b_ξ, b_η, b_ζ 为 $\boldsymbol{b}$ 在轴 ξ, η, ζ 上的投影.导出对杆截面位形的约束方程

$$g(\xi + b_\xi, \eta + b_\eta, \zeta + b_\zeta) = 0, \qquad (3.2.4)$$

一般情况下,式(3.2.4)显含 s 因而是非定常的,其对弧坐标的导数可化为

$$\dot{g} = \boldsymbol{n}_c \cdot \dot{\boldsymbol{r}} + \boldsymbol{\omega} \cdot (\boldsymbol{b} \times \boldsymbol{n}_c) = 0 \qquad (3.2.5)$$

式中 $\boldsymbol{n}_c$ 为约束曲面在接触点的法向量.式(3.2.4)和(3.2.5)使截面

的广义坐标数和自由度分别减为 5 和 2. 将线分布约束力向截面形心
简化,得

$$\boldsymbol{f}^{C} = \lambda \boldsymbol{n}_{c}, \tag{3.2.6a}$$

$$\boldsymbol{m}^{C} = \boldsymbol{b} \times \boldsymbol{f}^{C}, \tag{3.2.6b}$$

其中 λ 为不定乘子. 对于圆形等截面杆,有关系:$\boldsymbol{f}_3^{C} = \boldsymbol{f}^{C} \cdot \boldsymbol{e}_3 = 0$ 和
$\boldsymbol{m}^{C} = 0$. 如果约束为单面,则截面的受约束条件为

$$\lambda = \boldsymbol{f}^{C} \cdot \boldsymbol{n}_{c} \geqslant 0, \tag{3.2.7a}$$

或

$$\lambda = \boldsymbol{f}^{C} \cdot \boldsymbol{n}_{c} \leqslant 0 \tag{3.2.7b}$$

式中等号为临界情形. 以上讨论容易推广到受两个曲面约束的情形.

给定 $O\text{-}\xi\eta\zeta$ 中的一个单位常矢量

$$\boldsymbol{h} = h_{\xi} \boldsymbol{e}_{\xi} + h_{\eta} \boldsymbol{e}_{\eta} + h_{\zeta} \boldsymbol{e}_{\zeta}.$$

限制截面的弯扭度方向构成非完整约束. 非完整约束仅使自由度减
少. 下面给出非完整约束的 3 个例子:

1) 截面弯扭度与给定方向 $\boldsymbol{h}$ 垂直:$\boldsymbol{\omega} \cdot \boldsymbol{h} = 0$. 显然其坐标式

$$(h_{\xi}\cos\psi + h_{\eta}\sin\psi)\dot{\vartheta} + (h_{\zeta}\cos\vartheta - h_{\eta}\cos\psi\sin\vartheta +$$
$$h_{\xi}\sin\vartheta\sin\psi)\dot{\varphi} + h_{\zeta}\dot{\psi} = 0, \tag{3.2.8}$$

是不可积的. 在此约束下,杆截面的自由度减为 2.

2) 截面弯扭度与给定方向 $\boldsymbol{h}$ 平行:$\boldsymbol{\omega} \times \boldsymbol{h} = 0$,其分量形式

$$h_{\zeta}\sin\psi\dot{\vartheta} - (h_{\eta}\cos\vartheta + h_{\zeta}\cos\psi\sin\vartheta)\dot{\varphi} - h_{\eta}\dot{\psi} = 0; \tag{3.2.9a}$$

$$-h_{\zeta}\cos\psi\dot{\vartheta} + (h_{\xi}\cos\vartheta - h_{\zeta}\sin\psi\sin\vartheta)\dot{\varphi} + h_{\xi}\dot{\psi} = 0; \tag{3.2.9b}$$

$$(h_{\eta}\cos\psi - h_{\xi}\sin\psi)\dot{\vartheta} + \sin\vartheta(h_{\xi}\cos\psi + h_{\eta}\sin\psi)\dot{\varphi} = 0. \tag{3.2.9c}$$

也是不可积的. 此时截面的自由度为零,约束方程已完全规定了截面
的位形,Kirchhoff 方程寻求实现这一约束的力作用方式.

3) 给定截面弯扭度的模平方变化规律：$\omega^2 = u(s)$，在 s 的定义域内 $u(s) \geqslant 0$. 用 Euler 角表示为

$$\dot{\psi}^2 + \dot{\vartheta}^2 + \dot{\varphi}^2 + 2\cos\vartheta\,\dot{\psi}\dot{\varphi} = u(s), \qquad (3.2.10)$$

它构成对截面姿态的非线性非完整约束.

3.3 虚位移及其限制方程

按照 Kirchhoff 假定，横截面上的点可表为：

$$\boldsymbol{R}_i(s) = \boldsymbol{r}(s) + \boldsymbol{b}_i, \qquad (3.3.1)$$

其中 $\boldsymbol{b}_i = x_i\boldsymbol{e}_1(s) + y_i\boldsymbol{e}_2(s)$，$i$ 为 s 截面上点的标号. 式(3.3.1)表明 Kirchhoff 杆可以认为是截面的弧坐标历程，与动力学系统的时间历程对应. 称同时满足约束条件和平衡条件的位形为截面的实际平衡状态，只满足约束条件的位形称为截面的可能平衡状态.

定义 3.1(点的真实位移)：在实际平衡状态下，s 截面上一点的真实位移 $\boldsymbol{R}_i$ 定义为，

$$\Delta\boldsymbol{R}_i = \boldsymbol{R}_i(s + \Delta s) - \boldsymbol{R}_i(s); \qquad (3.3.2)$$

定义 3.2(点的可能位移)：在可能平衡状态下，s 截面上一点的可能位移 $\bar{\boldsymbol{R}}_i$ 定义为，

$$\Delta\bar{\boldsymbol{R}}_i = \bar{\boldsymbol{R}}_i(s + \Delta s) - \bar{\boldsymbol{R}}_i(s). \qquad (3.3.3)$$

显然这里的"位移"不是运动学意义上的，而是不同两点的位置矢径之差.

定义 3.3(点的虚位移)：在给定位形下发生的、约束所允许的、假想的、与弧坐标无关的截面上一点的无限小位移称为点的虚位移，记为 $\delta\boldsymbol{R}_i$，称 δ 为等弧变分.

显然，一点的可能位移是虚位移中的一个. 两者的差别在于可能位移源于弧坐标的变化，而虚位移是运动学意义上的且与弧坐标无

关. 根据 Kirchhoff 刚性截面假定,同一截面上点的虚位移的全体形
成截面的虚角位移.

定义 3.4（截面虚角位移）：约束所允许的、与弧坐标变化无关
的、假想的截面无限小角位移定义为虚角位移,记为 $\delta\boldsymbol{\Phi}$.

截面的虚角位移导致杆的虚变形,它也是杆的可能平衡状态. 因
此可以计算点的虚位移和截面的虚角位移对弧坐标的导数. 设微分
和变分服从交换关系：

$$\mathrm{d}\delta(\quad) = \delta\mathrm{d}(\quad). \tag{3.3.4}$$

则有

$$\frac{\mathrm{d}}{\mathrm{d}s}(\delta\boldsymbol{R}_i) = \delta\boldsymbol{v}_i, \tag{3.3.5a}$$

$$\frac{\mathrm{d}}{\mathrm{d}s}\delta\boldsymbol{\Phi} = \delta\boldsymbol{\omega}. \tag{3.3.5b}$$

其中 $\boldsymbol{v}_i = \mathrm{d}R_i/\mathrm{d}s$. 容易验证,$\delta\boldsymbol{\omega} = \tilde{\delta}\boldsymbol{\omega}, \mathrm{d}\delta\boldsymbol{\Phi} = \tilde{\mathrm{d}}\delta\boldsymbol{\Phi}$,其中波浪号表示
运算是相对主轴坐标系的. 给定截面 $r(s)$ 上的一点 $\boldsymbol{R}_i(s)$, 有如下
关系：

$$\delta\boldsymbol{R}_i = \delta\boldsymbol{r} + \delta\boldsymbol{b}_i, \tag{3.3.6a}$$

$$\delta\boldsymbol{b}_i = \delta\boldsymbol{\Phi} \times \boldsymbol{b}_i; \tag{3.3.6b}$$

选定截面的姿态坐标 $q_i, (i = 1,2,3)$ 后,截面的弯扭度和虚角位移可
表示为

$$\boldsymbol{\omega} = \sum_{i=1}^{3} \boldsymbol{\omega}_{q_i}\dot{q}_i, \tag{3.3.7a}$$

$$\delta\Phi = \sum_{i=1}^{3} \boldsymbol{\omega}_{q_i}\delta q_i, \tag{3.3.7b}$$

其中 $\boldsymbol{\omega}_{q_i}$ 为姿态坐标 $q_i, (i = 1,2,3)$ 的可微矢值函数. 设横截面受有
一般的几何约束

$$g_i(q_1,q_2,q_3,q_4,q_5,q_6,s) = 0, \quad (i = 1 \text{ or } 1,2). \quad (3.3.8)$$

其中 $q_4 = \xi, q_5 = \eta, q_6 = \zeta$. 约束(3.3.8)加在虚位移上的限制方程为

$$\delta g_i = \sum_{j=1}^{6} \frac{\partial g_i}{\partial q_j}\delta q_j = 0, \quad (i = 1 \text{ or } 1,2). \quad (3.3.9)$$

非完整约束的一般形式由形如

$$h_i(q_1,\cdots,q_6,\dot{q}_1,\cdots,\dot{q}_6,s) = 0, \quad (i = 1 \text{ or } 1,2)$$
$$(3.3.10)$$

的不可积约束方程给出. 其加在虚角位移上的限制方程按 Appell-Chetaev 定义为

$$\delta h_i = \sum_{j=1}^{6} \frac{\partial h_i}{\partial \dot{q}_j}\delta q_j = 0. \quad (3.3.11)$$

由于虚位移的任意性,不能将式(2.3.1)预先嵌入约束方程(2.3.10). Appell-Chetaev 定义是对非完整约束条件(3.3.10)实现方式的一个选择[151-153].

曲面约束(3.2.4)加在坐标空间虚位移上的限制可化为

$$\delta g = \boldsymbol{n}_c \cdot \delta \boldsymbol{r} + (\boldsymbol{a} \times \boldsymbol{n}_c) \cdot \delta \boldsymbol{\Phi} = 0, \quad (3.3.12)$$

其中函数的变分源于姿态坐标的变分,它与约束力的虚功相关:

$$\lambda\delta g = \boldsymbol{f}^C \cdot \delta \boldsymbol{r} + \boldsymbol{m}^C \cdot \delta \boldsymbol{\Phi}. \quad (3.3.13)$$

若约束力在所有虚位移上所作的功为零,

$$\boldsymbol{f}^C \cdot \delta \boldsymbol{r} + \boldsymbol{m}^C \cdot \delta \boldsymbol{\Phi} = 0, \quad (3.3.14)$$

称这种约束为理想约束. 值得注意的是,由于式(2.3.1)是伪非完整约束,它仅限制截面的自由度而不构成对虚位移的限制.

准速度和准坐标给问题的表达带来方便[144,150]. 取弯扭度的主轴分量 ω_i 为准速度:

$$\omega_i = \omega_i(\dot{q}_1, \dot{q}_2, \dot{q}_3, q_1, q_2, q_3), \quad (i=1,2,3), \quad (3.3.15)$$

式中 q_j 为 3 个 Euler 角. 用准速度表示的 Euler 弯扭度为

$$\dot{q}_i = \dot{q}_i(\omega_1, \omega_2, \omega_3, q_1, q_2, q_3), \quad (i=1,2,3), \quad (3.3.16)$$

则弯扭度的变分 $\delta\omega_i$ 为

$$\delta\omega_i = \sum_{j=1}^{3}\left(\frac{\partial\omega_i}{\partial\dot{q}_j}\delta\dot{q}_j + \frac{\partial\omega_i}{\partial q_j}\delta q_j\right), \quad (i=1,2,3), \quad (3.3.17)$$

准坐标 π_i 的变分 $\delta\pi_i$ 及其导数为

$$\delta\pi_i = \sum_{j=1}^{3}\frac{\partial\omega_i}{\partial\dot{q}_j}\delta q_j, \quad (i=1,2,3), \quad (3.3.18)$$

$$\frac{\mathrm{d}}{\mathrm{d}s}(\delta\pi_i) = \sum_{j=1}^{3}\left[\frac{\mathrm{d}}{\mathrm{d}s}\left(\frac{\partial\omega_i}{\partial\dot{q}_j}\right)\delta q_j + \frac{\partial\omega_i}{\partial\dot{q}_j}\frac{\mathrm{d}}{\mathrm{d}s}(\delta q_j)\right], \quad (3.3.19)$$

广义坐标的变分 δq_i 用准坐标 π_i 的变分 $\delta\pi_i$ 表示为

$$\delta q_i = \sum_{j=1}^{3}\frac{\partial\dot{q}_i}{\partial\omega_j}\delta\pi_j, \quad (3.3.20)$$

准坐标下的微分和变分的交换关系为

$$\frac{\mathrm{d}}{\mathrm{d}s}(\delta\pi_i) - \delta\omega_i = \sum_{k=1}^{3}\frac{\partial\omega_i}{\partial\dot{q}_k}\left[\frac{\mathrm{d}}{\mathrm{d}s}(\delta q_k) - \delta\dot{q}_k\right] +$$
$$\sum_{k=1}^{3}\sum_{j=2}^{3}\left[\frac{\mathrm{d}}{\mathrm{d}s}\left(\frac{\partial\omega_i}{\partial\dot{q}_j}\right) - \frac{\partial\omega_i}{\partial q_j}\right]\frac{\partial\dot{q}_j}{\partial\omega_k}\delta\pi. \quad (3.3.21)$$

对于完整系统, 广义坐标的微分和变分的运算次序是可以交换的, 即

$$\frac{\mathrm{d}}{\mathrm{d}s}(\delta q_k) - \delta\dot{q}_k = 0,$$

式(3.3.21)化为

$$\frac{\mathrm{d}}{\mathrm{d}s}(\delta\pi_i) - \delta\omega_i = \sum_{k=1}^{3}\sum_{j=2}^{3}\left[\frac{\mathrm{d}}{\mathrm{d}s}\left(\frac{\partial\omega_i}{\partial\dot{q}_j}\right) - \frac{\partial\omega_i}{\partial q_j}\right]\frac{\partial\dot{q}_j}{\partial\omega_k}\delta\pi_k, \quad (3.3.22)$$

这就是 Euler 弯扭度不受约束时准坐标下的微分和变分的交换关系.

3.4 超细长弹性杆静力学的微分变分原理

3.4.1 D'Alember-Lagrange 原理

建立截面的微分变分原理. 杆 s^- 截面上的 m_i 点相对主轴坐标系的矢径为 b_i, 围绕 m_i 点取面积微元 A_i, 其上的应力为 $-p_i$. 当 s 截面沿中心线"移动"到 $s+\Delta s$ 时, m_i"移动"到 m_i' 点, 矢径为 $b_i+\Delta b_i$, 应力为 $p_i+\Delta p_i$. 面积微元的"移动"形成微元体 V_i. 此单元体的虚位移由 δr 和 $\delta \boldsymbol{\Phi}$ 给出. 略去二阶微量, 作用在 V_i 上的所有力的虚功之和为

$$\delta W_D = \sum_i \{(A_i \Delta p_i + f_i^G \Delta s + f_i^C \Delta s) \cdot \delta R_i +$$
$$(\Delta R_i \times A_i p_i + m_i^G \Delta s) \cdot \delta \boldsymbol{\Phi}\}, \tag{3.4.1}$$

其中 f_i^G, m_i^G 为主动力和力偶关于弧坐标 s 的集度, f_i^C 为侧面约束力关于弧坐标 s 的集度. 将上式各项除以 Δs, 令 $\Delta s \to 0$, 记为 W_D^*, 利用理想约束条件(3.3.14)并简化后导出

$$W_D^* = \left(\frac{\mathrm{d}\boldsymbol{F}}{\mathrm{d}s} + f^G\right) \cdot \delta r + \left(\frac{\mathrm{d}\boldsymbol{M}}{\mathrm{d}s} + e_3 \times \boldsymbol{F} + m^G\right) \cdot \delta \boldsymbol{\Phi},$$
$$\tag{3.4.2}$$

其中

$$\boldsymbol{F} = \sum_i A_i p_i, \quad \boldsymbol{M} = \sum_i b_i \times A_i p_i,$$

$$f^G = \sum_i f_i^G, \quad m^G = \sum_i b_i \times f_i^G,$$

$$f^C = \sum_i f_i^C, \quad m^C = \sum_i (b_i \times f_i^C).$$

式(3.3.14)为理想约束条件, 对于自由弹性杆自然满足.

上述过程并非简单地将动力学普遍方程中的时间变量替换成弧

坐标,两者的不同在于弧坐标既是空间变量,又"扮演"时间变量.

D'Alember-Lagrange 原理:受有理想双面约束的 Kirchhoff 杆平衡时,对满足理想约束条件(3.3.14)的任意虚位移,有

$$W_D^* = \left(\frac{\mathrm{d}\boldsymbol{F}}{\mathrm{d}s} + \boldsymbol{f}^G\right) \cdot \delta\boldsymbol{r} + \left(\frac{\mathrm{d}\boldsymbol{M}}{\mathrm{d}s} + \boldsymbol{e}_3 \times \boldsymbol{F} + \boldsymbol{m}^G\right) \cdot \delta\boldsymbol{\Phi} = 0.$$

(3.4.3)

式(3.4.3)可以从平衡方程导出. 微元体 V_i 的力和力矩平衡方程为

$$\begin{cases} A_i\Delta\boldsymbol{p}_i + \boldsymbol{f}_i^G\Delta s + \boldsymbol{f}_i^C\Delta s = 0 \\ \Delta\boldsymbol{R}_i \times A_i\boldsymbol{p}_i + \boldsymbol{m}_i^G\Delta s + \boldsymbol{m}_i^C\Delta s = 0 \end{cases},$$

(3.4.4)

将 Δs 去除上式,并令 $\Delta s \to 0$,导出微元体 V_i 当 $\Delta s \to 0$ 时的平衡微分方程

$$\begin{cases} A_i\dot{\boldsymbol{p}}_i + \boldsymbol{f}_i^G + \boldsymbol{f}_i^C = 0 \\ \dot{\boldsymbol{R}}_i \times A_i\boldsymbol{p}_i + \boldsymbol{m}_i^G + \boldsymbol{m}_i^C = 0 \end{cases} \quad (i = 1, 2, \cdots),$$

(3.4.5)

将 $\delta\boldsymbol{R}_i$ 和 $\delta\boldsymbol{\Phi}$ 分别点乘式(3.4.5)中两式后相加并对 i 求和,利用式(3.3.14)即得式(3.4.3).

原理(3.4.3)不涉及杆的本构关系. 设杆服从线性本构关系:

$$\begin{aligned} M_1 &= A(\omega_1 - \omega_1^0), \\ M_2 &= B(\omega_2 - \omega_2^0), \\ M_3 &= C(\omega_3 - \omega_3^0), \end{aligned}$$

(3.4.6)

式中 A, B 为截面关于 x, y 轴的抗弯刚度,C 为关于 z 轴的抗扭刚度,设皆为常数;$\omega_i^0 = \omega_i^0(s), (i = 1, 2, 3)$ 为原始弯扭度分量. 用 $q_i(i = 1, 2, 3)$ 表示截面的 3 个 Euler 角. 由于 $\partial\boldsymbol{e}_k/\partial\dot{q}_i = 0, (i, k = 1, 2, 3)$,所以,$\partial\boldsymbol{\omega}/\partial\dot{q}_i = \tilde{\partial}\boldsymbol{\omega}/\partial\dot{q}_i$. 存在如下关系

$$\frac{\tilde{\mathrm{d}}}{\mathrm{d}s}\frac{\partial \boldsymbol{\omega}}{\partial \dot{q}_i} - \frac{\tilde{\partial} \boldsymbol{\omega}}{\partial q_i} = \frac{\partial \boldsymbol{\omega}}{\partial \dot{q}_i}\times\boldsymbol{\omega}, \quad (i=1,2,3) \tag{3.4.7}$$

式中波浪号表示相对主轴坐标系的导数. 导出

$$\left(\frac{\tilde{\mathrm{d}}\boldsymbol{M}}{\mathrm{d}s}+\boldsymbol{\omega}\times\boldsymbol{M}\right)\cdot\frac{\partial \boldsymbol{\omega}}{\partial \dot{q}_i} = \frac{\mathrm{d}}{\mathrm{d}s}\frac{\partial T}{\partial \dot{q}_i} - \frac{\partial T}{\partial q_i}, \quad (i=1,2,3) \tag{3.4.8}$$

式中

$$T = \frac{1}{2}\left[A(\omega_1-\omega_1^0)^2 + B(\omega_2-\omega_2^0)^2 + C(\omega_3-\omega_1^0)^2\right]$$

为 s 截面的弹性应变势能. 记 $\boldsymbol{m}^F = \boldsymbol{e}_3\times\boldsymbol{F}$,原理(3.3.3)可表示为 Euler-Lagrange 形式:

$$\begin{aligned} W_D^* = \sum_{i=1}^{3}\left(\frac{\mathrm{d}}{\mathrm{d}s}\frac{\partial T}{\partial \dot{q}_i} - \frac{\partial T}{\partial q_i} + m_{\dot{q}_i}^F + m_{\dot{q}_i}^G\right)\delta q_i + \\ \left(\frac{\mathrm{d}\boldsymbol{F}}{\mathrm{d}s}+\boldsymbol{f}^G\right)\cdot\delta\boldsymbol{r} = 0 \end{aligned} \tag{3.4.9}$$

式中:

$$m_{\dot{q}_i}^F = \boldsymbol{m}^F\cdot\frac{\partial \boldsymbol{\omega}}{\partial \dot{q}_i}, \quad m_{\dot{q}_i}^G = \boldsymbol{m}^G\cdot\frac{\partial \boldsymbol{\omega}}{\partial \dot{q}_i}.$$

对于不受主动力和侧面约束力作用的特殊情形,取虚位移为平移,推知 $\boldsymbol{F}$ 在惯性空间中为常矢量,设与 ζ 轴平行,可写为

$$\boldsymbol{F} = F(\sin\vartheta\sin\varphi\boldsymbol{e}_1 + \sin\vartheta\cos\varphi\boldsymbol{e}_2 + \cos\vartheta\boldsymbol{e}_3). \tag{3.4.10}$$

存在关系[40]

$$\left(\frac{\partial \boldsymbol{\omega}}{\partial \dot{q}_i}\times\boldsymbol{e}_3\right)\cdot\boldsymbol{F} = \frac{\partial}{\partial q_i}(\boldsymbol{F}\cdot\boldsymbol{e}_3). \tag{3.4.11}$$

引进新函数

$$\Gamma = T + V, \qquad (3.4.12)$$

其中 $V = -\boldsymbol{F} \cdot \boldsymbol{e}_3$. 式(3.4.9)可写作:

$$W_D^* = \sum_{i=1}^{3} \left(\frac{\mathrm{d}}{\mathrm{d}s} \frac{\partial \Gamma}{\partial \dot{q}_i} - \frac{\partial \Gamma}{\partial q_i} + m_{q_i}^G \right) \delta q_i = 0. \qquad (3.4.13)$$

原理(3.4.13)也可化作 Nielsen 形式:

$$\sum_{i=1}^{3} \left(\frac{\partial \dot{\Gamma}}{\partial \ddot{q}_i} - 2 \frac{\partial \Gamma}{\partial q_i} + m_{q_i}^G \right) \delta q_i = 0. \qquad (3.4.14)$$

和 Appell 形式:

$$\sum_{i=1}^{3} \left(\frac{\partial \Pi}{\partial \ddot{q}_i} + \boldsymbol{m}_{q_i}^G \right) \delta q_i = 0, \qquad (3.4.15)$$

其中函数 Π 定义为

$$\Pi = \frac{1}{2} \left[A(\dot{\omega}_1 - \dot{\omega}_1^0)^2 + B(\dot{\omega}_2 - \dot{\omega}_2^0)^2 + C(\dot{\omega}_3 - \dot{\omega}_3^0)^2 \right] + \left[(\boldsymbol{\omega} \times \boldsymbol{M}) + (\boldsymbol{e}_3 \times \boldsymbol{F}) \right] \cdot \dot{\boldsymbol{\omega}},$$

$$(3.4.16)$$

相当于刚体动力学中的加速度能.

D'Alember-Lagrange 原理(3.4.3)、(3.4.9)、(3.4.13)、(3.4.14)、(3.4.15)同样适合于刚度系数 A, B, C 随弧坐标变化的一般情形.

3.4.2 Jourdain 变分与虚功率原理

在位形保持不变的前提下,约束所允许的,假想的截面内一点的"速度" $v_i = \mathrm{d}r_i / \mathrm{d}s$ 的变更称为虚速度,记为 $\delta_J v_i$. 称 δ_J 为 Kirchhoff 杆截面的 Jourdain 变分. 此处的速度是指点的矢径相对弧坐标的变化率. 以下出现的角速度、加速度、角加速度等均以弧坐标为自变量. 同一截面上不同点的虚速度形成截面的虚弯扭度.

定义 3.5(截面虚弯扭度)：在保持截面位形的前提下,约束所允许的、与弧坐标变化无关的、假想的截面弯扭度的变更定义为虚弯扭度,记为 $\delta_J\boldsymbol{\omega}$.

由式(3.3.7)前一式,导出虚弯扭度为

$$\delta_J\boldsymbol{\omega} = \sum_{i=1}^{3} \boldsymbol{\omega}_{q_i}\delta_J\dot{q}_i, \tag{3.4.17}$$

给定点的虚速度和虚弯扭度,存在如下关系:

$$\delta_J\dot{\boldsymbol{R}}_i = \delta_J\dot{\boldsymbol{r}} + \delta_J\dot{\boldsymbol{b}}_i,$$

$$\delta_J\dot{\boldsymbol{b}}_i = \delta_J\boldsymbol{\omega} \times \dot{\boldsymbol{b}}_i. \tag{3.4.18}$$

约束(3.3.8)和(3.3.10)加在虚弯扭度上的限制方程分别为

$$\delta_J\dot{g}_i = \sum_{j=1}^{6} \frac{\partial g_i}{\partial q_j}\delta_J\dot{q}_j = 0,$$

$$\delta_J h_i = \sum_{j=1}^{6} \frac{\partial h_i}{\partial \dot{q}_j}\delta_J\dot{q}_j = 0, \tag{3.4.19}$$

作用在 V_i 上的所有力在虚速度上所作的虚功率 W_J^* 为:

$$W_J^* = \left(\frac{\mathrm{d}\boldsymbol{F}}{\mathrm{d}s} + \boldsymbol{f}^G\right) \cdot \delta_J\dot{\boldsymbol{r}} + \left(\frac{\mathrm{d}\boldsymbol{M}}{\mathrm{d}s} + \boldsymbol{e}_3 \times \boldsymbol{F} + \boldsymbol{m}^G\right) \cdot \delta_J\boldsymbol{\omega},$$

$$\tag{3.4.20}$$

上式的推导中用到理想约束条件:

$$\boldsymbol{f}^C \cdot \delta_J\dot{\boldsymbol{r}} + \boldsymbol{m}^C \cdot \delta_J\boldsymbol{\omega} = 0. \tag{3.4.21}$$

我们有 Jourdain 原理,也称之为虚功率原理:

Jourdain 原理：受有理想双面约束的 Kirchhoff 杆平衡时,对满足理想约束条件(3.4.21)的任意虚速度,截面作用力的虚功率为零,即

$$W_J^* = (\dot{\boldsymbol{F}} + \boldsymbol{f}^G) \cdot \delta_J \dot{\boldsymbol{r}} + \left(\frac{\mathrm{d}\boldsymbol{M}}{\mathrm{d}s} + \boldsymbol{e}_3 \times \boldsymbol{F} + \boldsymbol{m}^G \right) \cdot \delta_J \boldsymbol{\omega} = 0,$$

$$(3.4.22)$$

可用 Euler 角表示为

$$W_J^* = (\dot{\boldsymbol{F}} + \boldsymbol{f}^G) \cdot \delta_J \dot{\boldsymbol{r}} + \sum_{i=1}^{3} \left[\frac{\mathrm{d}}{\mathrm{d}s} \left(\boldsymbol{M} \cdot \frac{\partial \boldsymbol{\omega}}{\partial \dot{q}_i} \right) - \boldsymbol{M} \cdot \frac{\partial \boldsymbol{\omega}}{\partial q_i} + \right.$$

$$\left. \boldsymbol{F} \cdot \left(\frac{\partial \boldsymbol{\omega}}{\partial \dot{q}_i} \times \boldsymbol{e}_3 \right) + \boldsymbol{m}^G \cdot \frac{\partial \boldsymbol{\omega}}{\partial \dot{q}_i} \right] \delta_J \dot{q}_i = 0$$

$$(3.4.23)$$

Jourdain 原理指出杆的实际平衡状态与位置相同,但弯扭度不同的可能平衡状态的区别. 如果截面主矢 $\boldsymbol{F}$ 为常矢量,注意到式(3.4.11),式(3.4.23)化作

$$W_J^* = \sum_{i=1}^{3} \left[\frac{\mathrm{d}}{\mathrm{d}s} \left(\boldsymbol{M} \cdot \frac{\partial \boldsymbol{\omega}}{\partial \dot{q}_i} \right) - \boldsymbol{M} \cdot \frac{\partial \boldsymbol{\omega}}{\partial q_i} + \right.$$

$$\left. \frac{\partial}{\partial q_i} (\boldsymbol{F} \cdot \boldsymbol{e}_3) + \boldsymbol{m}_{q_i}^G \right] \delta_J \dot{q}_i = 0 \qquad (3.4.24)$$

满足线性本构关系(3.4.6)时,式(3.4.24)化作 Euler-Lagrange 形式

$$W_J^* = \sum_{i=1}^{3} \left(\frac{\mathrm{d}}{\mathrm{d}s} \frac{\partial \Gamma}{\partial \dot{q}_i} - \frac{\partial \Gamma}{\partial q_i} + \boldsymbol{m}_{q_i}^G \right) \delta_J \dot{q}_i = 0. \qquad (3.4.25)$$

同理也可化作 Nielsen 形式和 Appell 形式.

Jourdain(3.4.22)、(3.4.23)、(3.4.24)、(3.4.25)同样适合于刚度系数 A, B, C 随弧坐标变化的一般情形.

3.4.3 Gauss 变分与 Gauss 原理、Gauss 最小拘束原理

在保持点的位形和随弧坐标速度不变的前提下,约束所允许的、假想的截面内一点的加速度 $\boldsymbol{a}_i = \mathrm{d}\boldsymbol{v}_i / \mathrm{d}s$ 的变更,称为点的虚加速度,记为 $\delta_G \boldsymbol{a}_i$,称 δ_G 为 Gauss 变分. 在 Kirchhoff 假定下,同一截面上不同

点的虚加速度形成截面的虚角加速度 $\delta_G \boldsymbol{\alpha}$，$\boldsymbol{\alpha} = \mathrm{d}\boldsymbol{\omega}/\mathrm{d}s$.

定义 3.6(截面虚角加速度)： 在保持截面位形和弯扭度的前提下，约束所允许的、与弧坐标变化无关的、假想的截面角加速度变更定义为虚角加速度，记为 $\delta_G \boldsymbol{\alpha}$.

由式(3.3.7)前一式和角加速度的定义，角加速度的 Gauss 变分为

$$\delta_G \boldsymbol{\alpha} = \sum_{i=1}^{3} \boldsymbol{\omega}_{q_i} \delta_G \ddot{q}_i, \qquad (3.4.26)$$

给定点的虚加速度和虚角加速度，存在如下关系：

$$\delta_G \ddot{\boldsymbol{R}}_i = \delta_G \ddot{\boldsymbol{r}} + \delta_G \ddot{\boldsymbol{b}}_i, \qquad (3.4.27\text{a})$$

$$\delta_G \ddot{\boldsymbol{b}}_i = \delta_G \boldsymbol{\alpha} \times \boldsymbol{b}_i, \qquad (3.4.27\text{b})$$

约束(3.3.8)和(3.3.10)加在 Euler 虚角加速度上的限制方程分别为

$$\delta_G \ddot{g}_i = \sum_{j=1}^{6} \frac{\partial g_i}{\partial q_j} \delta_G \ddot{q}_j = 0, \qquad (3.4.28\text{a})$$

$$\delta_G \dot{h}_i = \sum_{j=1}^{6} \frac{\partial h_i}{\partial \dot{q}_j} \delta_G \ddot{q}_j = 0, \qquad (3.4.28\text{b})$$

V_i 上的作用力与虚加速度的数量积 W_G^* 在理想约束条件

$$\boldsymbol{f}^C \cdot \delta_G \ddot{\boldsymbol{r}} + \boldsymbol{m}^C \cdot \delta_G \boldsymbol{\alpha} = 0 \qquad (3.4.29)$$

下为：

$$W_G^* = (\dot{\boldsymbol{F}} + \boldsymbol{f}^G) \cdot \delta_G \ddot{\boldsymbol{r}} + \left(\frac{\mathrm{d}\boldsymbol{M}}{\mathrm{d}s} + \boldsymbol{e}_3 \times \boldsymbol{F} + \boldsymbol{m}^G\right) \cdot \delta_G \boldsymbol{\alpha}.$$

$$(3.4.30)$$

我们有如下的 Gauss 原理：

Gauss 原理： 受有理想双面约束的 Kirchhoff 杆平衡时，对满足理想约束条件(3.4.29)的任意虚加速度，有

$$W_G^* = (\dot{\boldsymbol{F}} + \boldsymbol{f}^G) \cdot \delta_G \ddot{\boldsymbol{r}} +$$

$$\left(\frac{\mathrm{d}\boldsymbol{M}}{\mathrm{d}s} + \boldsymbol{e}_3 \times \boldsymbol{F} + \boldsymbol{m}^G \right) \cdot \delta_G \boldsymbol{\alpha} = 0, \quad (3.4.31)$$

或用 Euler 角表示为

$$W_G^* = (\dot{\boldsymbol{F}} + \boldsymbol{f}^G) \cdot \delta_G \ddot{\boldsymbol{r}} + \sum_{i=1}^{3} \left[\frac{\mathrm{d}}{\mathrm{d}s} \left(\boldsymbol{M} \cdot \frac{\partial \boldsymbol{\omega}}{\partial \dot{q}_i} \right) - \boldsymbol{M} \cdot \frac{\partial \boldsymbol{\omega}}{\partial q_i} + \right.$$

$$\left. \boldsymbol{F} \cdot \left(\frac{\partial \boldsymbol{\omega}}{\partial \dot{q}_i} \times \boldsymbol{e}_3 \right) + \boldsymbol{m}^G \cdot \frac{\partial \boldsymbol{\omega}}{\partial \dot{q}_i} \right] \delta_G \ddot{q}_i = 0$$

$$(3.4.32)$$

或

$$W_G^* = (\dot{\boldsymbol{F}} + \boldsymbol{f}^G) \cdot \delta_G \ddot{\boldsymbol{r}} + \sum_{i=1}^{3} \left(\frac{\partial \Pi}{\partial \ddot{q}_i} + \boldsymbol{m}_{q_i}^G \right) \delta_G \ddot{q}_i = 0.$$

$$(3.4.33)$$

Gauss 原理指出了截面的实际平衡状态与位置和弯扭度相同,但角加速度不同的可能平衡状态的区别. 定义自由 Kirchhoff 杆的拘束函数:

$$Z = \frac{1}{2} \left\{ A \left[\dot{\omega}_1 + \frac{1}{A} (\omega_2 M_3 - \omega_3 M_2 - F_2 + m_1) \right]^2 + \right.$$

$$B \left[\dot{\omega}_2 + \frac{1}{B} (\omega_3 M_1 - \omega_1 M_3 + F_1 + m_2) \right]^2 +$$

$$\left. C \left[\dot{\omega}_3 + \frac{1}{C} (\omega_1 M_2 - \omega_2 M_1 + m_3) \right]^2 \right\} \quad (3.4.34)$$

式中 $m_i = \boldsymbol{m}^G \cdot \boldsymbol{e}_i$,本构关系为(3.4.6). 我们有 Gauss 最小拘束原理:

Gauss 最小拘束原理:Kirchhoff 杆的任一截面随弧坐标的实际运动与位形与弯扭度相同,但角加速度不同的可能运动比较,拘束函数在 Gauss 变分下取驻值,即有

$$\delta_G Z = 0. \tag{3.4.35}$$

计算可能运动的拘束函数 Z^* 与实际运动的拘束函数 Z 之差,有

$$\delta_G Z = Z^* - Z = \frac{1}{2}\left[A(\Delta\dot{\omega}_1)^2 + B(\Delta\dot{\omega}_2)^2 + C(\Delta\dot{\omega}_3)^2\right] > 0,$$

$$\tag{3.4.36}$$

式中 $\Delta\dot{\omega}_i = \dot{\omega}_i^* - \dot{\omega}_i$. 从而证明,实际运动对应的拘束取极小值.

Gauss 原理(3.4.31)、(3.4.32)、(3.4.33)同样适合于刚度系数 A, B, C 随弧坐标变化的一般情形.

3.5 超细长弹性杆静力学的积分变分原理

将式(3.4.3)乘 $\mathrm{d}s$ 后对 s 沿杆长积分,化作积分变分原理

$$\int_0^l W_D^* \, \mathrm{d}s = -\int_0^l (\boldsymbol{M} \cdot \delta\boldsymbol{\omega} + \boldsymbol{f}^G \cdot \delta\boldsymbol{r} + \boldsymbol{m}^G \cdot \delta\boldsymbol{\Phi}) \, \mathrm{d}s -$$
$$(\boldsymbol{F} \cdot \delta\boldsymbol{r} + \boldsymbol{M} \cdot \delta\boldsymbol{\Phi})\,|_{s=0} + (\boldsymbol{F} \cdot \delta\boldsymbol{r} + \boldsymbol{M} \cdot \delta\boldsymbol{\Phi})\,|_{s=l} = 0$$

$$\tag{3.5.1}$$

在忽略体积力和接触力的条件下,截面主矢为常矢量. 原理(3.5.1)化作

$$\int_0^l W_D^* \, \mathrm{d}s = -\int_0^l \left[\boldsymbol{M} \cdot \delta\boldsymbol{\omega} - \delta(\boldsymbol{F} \cdot \boldsymbol{e}_3)\right] \mathrm{d}s$$
$$- (\boldsymbol{M} \cdot \delta\boldsymbol{\Phi})_{s=0} + (\boldsymbol{M} \cdot \delta\boldsymbol{\Phi})_{s=l} = 0 \qquad , \tag{3.5.2}$$

如果杆服从线性本构关系(3.4.6),式(3.5.1)化作

$$\int_0^l W_D^* \, \mathrm{d}s = -\int_0^l (\delta\Gamma) \, \mathrm{d}s - (\boldsymbol{M} \cdot \delta\boldsymbol{\Phi})_{s=0} + (\boldsymbol{M} \cdot \delta\boldsymbol{\Phi})_{s=l} = 0.$$

$$\tag{3.5.3}$$

直接计算变分,注意到微分和变分的交换关系,式(3.5.3)化作 Euler-Lagrange 形式:

$$\int_0^l W_D^* \, \mathrm{d}s = \int_0^l \sum_{i=1}^3 \left\{ \left[\frac{\mathrm{d}}{\mathrm{d}s}\left(\frac{\partial \varGamma}{\partial \dot{q}_i} \right) - \frac{\partial \varGamma}{\partial q_i} \right] \delta q_i \right\} \mathrm{d}s +$$

$$\left[\sum_{i=1}^3 \left(\frac{\partial \varGamma}{\partial \dot{q}_i} - \boldsymbol{M} \cdot \boldsymbol{\omega}_i \right) \delta q_i \right]_{s=0} +$$

$$\left[\sum_{i=1}^3 \left(-\frac{\partial \varGamma}{\partial \dot{q}_i} + \boldsymbol{M} \cdot \boldsymbol{\omega}_i \right) \delta q_i \right]_{s=l} = 0 , \quad (3.5.4)$$

考虑到坐标变分 δq_i 的任意性和端点坐标变分 $(\delta q_i)_{s=0}$、$(\delta q_i)_{s=l}$ 的独立性,从式(3.5.4)导出

$$\begin{cases} \dfrac{\mathrm{d}}{\mathrm{d}s}\left(\dfrac{\partial \varGamma}{\partial \dot{q}_i} \right) - \dfrac{\partial \varGamma}{\partial q_i} = 0 \\[3mm] \left(\dfrac{\partial \varGamma}{\partial \dot{q}_i} - \boldsymbol{M} \cdot \boldsymbol{\omega}_i \right)_{s=0} = 0 , \quad (i=1,2,3). \\[3mm] \left(-\dfrac{\partial \varGamma}{\partial \dot{q}_i} + \boldsymbol{M} \cdot \boldsymbol{\omega}_i \right)_{s=l} = 0 \end{cases} \quad (3.5.5)$$

上述第一组方程是 Euler-Lagrange 形式的杆的平衡微分方程,它等同于动力学中的第二类 Lagrange 方程,只要将 $\varGamma$ 比作 Lagrange 函数,即将弹性应变势能 T 比作动能,$\boldsymbol{F} \cdot \boldsymbol{e}_3$ 比作势能. 第 2、3 组方程是弧坐标端面的边界条件. 由此表明,式(3.5.1)中杆两端力偶的虚功仅与边界条件相关. 形式上我们可以把变分问题(3.5.2)化为泛函

$$S = \int_0^l \varGamma \mathrm{d}s , \quad (3.5.6)$$

在端点变分条件 $(\delta q_i)_{s=0} = (\delta q_i)_{s=l} = 0 , (i=1,2,3)$ 下的驻值问题. 称 S 为弹性杆的 Hamilton 作用量. 则有

Hamilton 原理:除端点外不受力作用的弹性杆的实际平衡状态与可能平衡状态的区别在于前者使弹性杆的 Hamilton 作用量取驻值,即

$$\delta S = 0 . \quad (3.5.7)$$

其中积分和变分运算可以交换. 原理(3.5.7)即为弹性力学中的最小

势能原理.进一步推知,稳定平衡位形使杆的总势能,即 Hamilton 作用量取极小值.

Hamilton 原理(3.5.7)可以用准坐标表示为

$$\delta \int_0^l \Gamma^* \, ds = 0, \tag{3.5.8}$$

其中 Γ^* 为用准坐标和准速度表示的 Γ,对准坐标 π_i 的偏导数定义为

$$\frac{\partial}{\partial \pi_i} = \sum_{k=1}^3 \frac{\partial \dot{q}_k}{\partial \omega_i} \frac{\partial}{\partial q_k}, \tag{3.5.9}$$

利用式(3.3.18),式(3.5.8)可化作准坐标形式

$$\int_0^l \left\{ \sum_{i=1}^3 \left[\frac{d}{ds} \frac{\partial \Gamma^*}{\partial \omega_i} - \frac{\partial \Gamma^*}{\partial \pi_i} + \right. \right.$$
$$\left. \left. \sum_{j=1}^3 \sum_{k=1}^3 \frac{\partial \Gamma^*}{\partial \omega_k} \left(\frac{d}{ds} \frac{\partial \omega_k}{\partial \dot{q}_j} - \frac{\partial \omega_k}{\partial q_j} \right) \frac{\partial \dot{q}_j}{\partial \omega_i} \right] \delta \pi_i \right\} ds = 0 \tag{3.5.10}$$

由此导出完整系统的 Boltzmann-Hamel 方程[138,142]:

$$\frac{d}{ds} \frac{\partial \Gamma^*}{\partial \omega_i} - \frac{\partial \Gamma^*}{\partial \pi_i} + \sum_{j=1}^3 \sum_{k=1}^3 \frac{\partial \Gamma^*}{\partial \omega_k} \left(\frac{d}{ds} \frac{\partial \omega_k}{\partial \dot{q}_j} - \frac{\partial \omega_k}{\partial q_j} \right) \frac{\partial \dot{q}_j}{\partial \omega_i} = 0,$$
$$(i = 1,2,3), \tag{3.5.11}$$

这是准坐标下的 Lagrange 方程.

引入正则变量:$q_i, p_i = \partial \Gamma / \partial \dot{q}_i, (i = 1,2,3)$,将函数 Γ 的 Legendre 变换定义为 Hamilton 函数:

$$H(q_1,q_2,q_3,p_1,p_2,p_3)$$
$$= \left(\sum_{i=1}^3 p_i \dot{q}_i - \Gamma \right) \Big|_{\dot{q}_j = \dot{q}_j(q_1,q_2,q_3,p_1,p_2,p_3)}$$
$$= T - V. \tag{3.5.12}$$

直接计算偏导数,导出

$$\dot{q}_i = \frac{\partial H}{\partial p_i},$$

$$\dot{p}_i = -\frac{\partial H}{\partial q_i}, \quad (i = 1, 2, 3) \qquad (3.5.13)$$

此即描述 Kirchhoff 杆平衡的 Hamilton 正则方程.

3.6 Lagrange 方程、Nielsen 方程和 Appell 方程以及首次积分问题

对于自由 Kirchhoff 杆,截面形心和姿态的虚位移 δr 和 $\delta \boldsymbol{\Phi}$ 都是独立的,从 D'Alember-Lagrange 原理(3.4.3),或 Jourdain 原理(3.4.22),或 Gauss 原理(3.4.30)导出 Kirchhoff 方程

$$\frac{\mathrm{d}\boldsymbol{M}}{\mathrm{d}s} + \boldsymbol{e}_3 \times \boldsymbol{F} + \boldsymbol{m}^G = 0, \qquad (3.6.1a)$$

$$\dot{\boldsymbol{F}} + \boldsymbol{f}^G = 0. \qquad (3.6.1b)$$

从式(3.4.9)导出 Lagrange 方程

$$\frac{\mathrm{d}}{\mathrm{d}s}\frac{\partial T}{\partial \dot{q}_i} - \frac{\partial T}{\partial q_i} + m_{q_i}^F + m_{q_i}^G = 0, \quad (i = 1, 2, 3), \quad (3.6.2a)$$

$$\dot{\boldsymbol{F}} + \boldsymbol{f}^G = 0. \qquad (3.6.2b)$$

当 $\boldsymbol{F}$ 为常矢量时,由式(3.4.13)得

$$\frac{\mathrm{d}}{\mathrm{d}s}\frac{\partial \Gamma}{\partial \dot{q}_i} - \frac{\partial \Gamma}{\partial q_i} + m_{q_i}^G = 0, \quad (i = 1, 2, 3) \qquad (3.6.3)$$

同理从式(3.4.14)导出 Nielsen 方程

$$\frac{\partial \dot{\Gamma}}{\partial \ddot{q}_i} - 2\frac{\partial \Gamma}{\partial q_i} + m_{q_i}^G = 0, \quad (i = 1, 2, 3) \qquad (3.6.4)$$

从(3.4.15)导出 Appell 方程

$$\frac{\partial \Pi}{\partial \ddot{q}_i} + m_{q_i}^G = 0, \quad (i = 1, 2, 3), \tag{3.6.5}$$

当杆处在约束条件(3.3.8)或(3.3.10)下,诸坐标变分 δq_i 不都独立,受到的约束是(3.3.9)或(3.3.11). 从式(3.4.9)导出带乘子的 Lagrange 方程. 在几何约束下为:

$$\frac{\mathrm{d}}{\mathrm{d}s}\frac{\partial T}{\partial \dot{q}_i} - \frac{\partial T}{\partial q_i} + m_{q_i}^F + m_{q_i}^G + \sum_{j=1}^{1 \text{ or } 2} \lambda_j \frac{\partial g_j}{\partial q_i} = 0, \tag{3.6.6a}$$

$$\dot{F}_i + f_i^G + \sum_{j=1}^{1 \text{ or } 2} \lambda_j \frac{\partial g_j}{\partial q_i} = 0, \quad (i = 4, 5, 6). \tag{3.6.6b}$$

在非完整约束下为:

$$\frac{\mathrm{d}}{\mathrm{d}s}\frac{\partial T}{\partial \dot{q}_i} - \frac{\partial T}{\partial q_i} + m_{q_i}^F + m_{q_i}^G + \sum_{i=1}^{1 \text{ or } 2} \lambda_J \frac{\partial h_j}{\partial \dot{q}_i} = 0, \tag{3.6.7a}$$

$$\dot{F}_i + f_i^G + \sum_{j=1}^{1 \text{ or } 2} \lambda_j \frac{\partial h_j}{\partial \dot{q}_i} = 0, \quad (i = 4, 5, 6). \tag{3.6.7b}$$

式(3.6.7a)也可化作带乘子的 Nielsen 方程

$$\frac{\partial \dot{\Gamma}}{\partial \ddot{q}_i} - 2\frac{\partial \Gamma}{\partial q_i} + m_{q_i}^F + m_{q_i}^G + \sum_{i=1}^{1 \text{ or } 2} \lambda_J \frac{\partial h_j}{\partial \dot{q}_i} = 0, \quad (i = 1, 2, 3),$$

$$\tag{3.6.8}$$

或带乘子的 Appell 方程

$$\frac{\partial \Pi}{\partial \ddot{q}_i} + m_{q_i}^F + m_{q_i}^G + \sum_{i=1}^{1 \text{ or } 2} \lambda_J \frac{\partial h_j}{\partial \dot{q}_i} = 0, \quad (i = 1, 2, 3), \tag{3.6.9}$$

当 $m_{q_i}^G = 0$ 时式(3.6.3)与保守系统的 Lagrange 方程形式完全相同:

$$\frac{\mathrm{d}}{\mathrm{d}s}\frac{\partial \Gamma}{\partial \dot{q}_i} - \frac{\partial \Gamma}{\partial q_i} = 0, \quad (i = 1, 2, 3). \tag{3.6.10}$$

其首次积分和利用首次积分使原方程降价的问题与分析力学的积分理论完全等同.

1）若 $\partial \Gamma / \partial q_i = 0$，则存在"循环积分"：

$$\frac{\partial \Gamma}{\partial \dot{q}_i} = c_i,$$

式中 c_i 为积分常数. 其物理意义是截面主矩关于 $\dot{q}_i$ 的分量守恒.

2）若 $\partial \Gamma / \partial s = 0$，则存在"能量积分"：

$$T - V = c.$$

值得注意的是这里守恒的并不是能量，与 Lagrange 函数正好换位，参见表 3.1. 利用这循环积分可导出保持 Lagrange 方程形式的降维的 Routh 方程，利用能量积分可导出 Whittaker 方程[144].

对于离散系统，平衡条件可用势能函数 V 表示为 $\partial V / \partial q_i = 0$. 按 Kirchhoff 动力学比拟，对应于截面保持原始弯扭度，即主矩为零，其条件为

$$\frac{\partial F_3}{\partial q_i} \equiv 0, \quad (i = 1, 2, 3). \tag{3.6.11}$$

稳定条件为 F_3 有极小值. 由式（3.4.10）和（3.6.10）知，$\vartheta = n\pi$，$(n = 0, \pm 1, \pm 2, \cdots)$. 当 n 为奇数时稳定，为偶数时不稳定，即带原始扭率的直杆在轴向力作用下受拉为不稳定，受压为稳定. 此处的稳定性是指关于弧坐标的 Lyapunov 稳定性.

表 3.1 Kirchhoff 杆力学和分析力学中的 Lagrange 函数和初积分的意义

	Lagrange 函数	条 件	初 积 分
分析力学	$L = T - V$	$\frac{\partial L}{\partial t} = 0$	$T + V = c$ 物理意义：机械能守恒
Kirchhoff 杆力学	$\Gamma = T + V$ 物理意义：总能量密度	$\frac{\partial \Gamma}{\partial s} = 0$	$T - V = c$

3.7 中心线存在尖点与碰撞现象

研究 Kirchhoff 杆变形后中心线存在尖点的情形. 这本质上是微分弧段内出现的大曲率问题. 在微分弧段内抗弯或抗扭刚度的急剧削弱, 或者杆侧向载荷的突然加强都将引起弯扭度的突变, 使中心线出现尖点. 设微分弧段的弧坐标分别为 s 和 $s+\Delta s$, 将 ds 乘式 (3.6.3) 并在 s 和 $s+\Delta s$ 内积分

$$\int_s^{s+\Delta s} \left(\frac{\mathrm{d}}{\mathrm{d}s} \frac{\partial \Gamma}{\partial \dot{q}_i} - \frac{\partial \Gamma}{\partial q_i} + m_{q_i} \right) \mathrm{d}s = 0, \quad (i=1,2,3) \quad (3.7.1)$$

导出近似计算式

$$\Delta \left(\frac{\partial \Gamma}{\partial \dot{q}_i} \right) + \hat{m}_{q_i} = 0, \quad (i=1,2,3) \quad (3.7.2)$$

式中 $\hat{m}_{q_i} = \int_s^{s+\Delta s} m_{q_i} \mathrm{d}s$. 表明截面主矢不是造成挠性线尖点的主要因素. 式 (3.7.2) 与 Lagrange 碰撞方程的形式相同[144,150,154], 所以挠性线出现尖点可比拟于碰撞现象. 虽然大曲率情形已越出 Kirchhoff 假定的前提, 但作为在微分弧段内式 (3.7.2) 对截面弯扭度突变的近似描述是有意义的.

式 (3.7.2) 可以写成矩阵形式

$$\underline{P} \cdot \underline{\Delta M} + \underline{m}_{\dot{q}_i} = \underline{0}, \quad (3.7.3)$$

其中

$$\underline{\Delta M} = (\Delta M_1 \quad \Delta M_2 \quad \Delta M_3)^{\mathrm{T}}, \underline{m}_{\dot{q}_i} = (m_{\dot{q}_1} \quad m_{\dot{q}_2} \quad m_{\dot{q}_3})^{\mathrm{T}}$$

分别为截面主矩沿主轴分量的突变值组成的列阵和外力偶矩列阵, 矩阵 $\underline{P} = (p_{ij})_{3\times3}$ 的元素为 $p_{ij} = \partial \omega_j / \partial \dot{q}_i, (i,j=1,2,3)$. 除奇点 $\vartheta = n\pi, (n=0,1,\cdots)$ 外, $\underline{P}$ 可逆,

$$P^{-1} = \begin{pmatrix} \csc \vartheta \sin \varphi & \cos \varphi & -\cot \vartheta \sin \varphi \\ \csc \vartheta \cos \varphi & -\sin \varphi & -\cot \vartheta \cos \varphi \\ 0 & 0 & 1 \end{pmatrix}, \quad (3.7.4)$$

从式(3.7.3)解得

$$\underline{\Delta M} = -\underline{P}^{-1} \underline{m}_{q_i}, \quad (3.7.5)$$

当 $\underline{m}_{q_i}$ 为零时，$\underline{\Delta M}$ 也为零. 表明弯扭度分量 ω_i 突变值与相应的刚度系数突变值成反比. 即在微分弧段内当刚度系数由 A,B 和 C 突变为 $\mu_1 A, \mu_2 B$ 和 $\mu_3 C$ 时, 弯扭度分量 ω_i 突变为

$$\omega_i^* = \frac{\omega_i}{\mu_i}, \quad (i = 1,2,3) \quad (3.7.6)$$

其中 μ_i 为非零实数.

3.8 小结

1) 讨论了曲面约束及其约束力, 给出了非完整约束的例子.

2) 基于等弧坐标变分、Jourdain 变分和 Gauss 变分, 给出了截面上点的真实位移、可能位移和虚位移的定义, 以及截面虚角位移、虚弯扭度和虚角加速度的定义. 讨论了约束加在虚位移上的限制方程. 讨论了准坐标下的微分和变分的交换关系.

3) 建立了弹性细杆静力学的各种形式的 D'Alember-Lagrange 原理、Jourdain 原理、Gauss 原理和 Gauss 最小拘束原理.

4) 建立了弹性细杆静力学的积分变分原理和 Hamilton 原理, 导出了完整系统的 Boltzmann-Hamel 方程和 Hamilton 正则方程.

5) 由变分原理导出了 Lagrange 方程、Nielsen 方程和 Appell 方程, 以及带乘子的方程, 讨论了首次积分.

6) 研究了 Kirchhoff 杆变形后中心线存在尖点的情形, 导出了与碰撞方程相同的近似方程, 并用矩阵进行求解.

第四章 超细长非圆截面弹性杆平衡的 Schrödinger 方程

4.1 引言

Kirchhoff 方程是弯扭度分量 ω_i 和主矢分量 F_i 的一阶常微分方程组. 除了作为平衡方程外, 其意义还体现在因其数学形式与重刚体陀螺的 Euler 方程的一致性而可以进行的 "Kirchhoff 动力学比拟", 由此产生用动力学的理论和方法解决 Kirchhoff 杆平衡问题的新思路. 然而一方面弯扭度分量 ω_i 缺乏明确的几何意义, 希望建立中心线曲率、挠率和截面相对 Frenet 坐标系的转角的封闭的平衡微分方程; 另一方面也希望像板壳一样, 建立弹性细杆的 Schrödinger 方程[69-71,155]. Yaoming Shi 和 J. E. Hearst 就圆截面导出了这样的方程, 其数学形式和孤子理论中的一维 Schrödinger 方程相同. 这不仅开辟了用量子力学或孤子理论的概念和方法去理解和解决弹性杆平衡问题的新途径, 也为研究平衡的反问题提供方便. 本章的主要工作是将此结果推广, 分别利用作者提出的复刚度和复柔度概念建立非圆截面的 Schrödinger 方程, 对于杆截面的主轴与 Frenet 坐标轴重合的无扭转杆的特殊情形, Schrödinger 方程转化为 Duffing 方程[156]. 文中应用一次近似理论讨论了无扭转杆可能存在的平衡状态及 Lyapunov 稳定性. 证明当直杆稳定性条件不满足时必存在稳定的螺旋杆平衡. 应用数值方法作出了杆变形后的三维几何图形. 作为 Schrödinger 方程的应用, 讨论了几何特性用曲率、挠率和截面扭角表示时的圆截面杆平衡的反问题.

4.2　Kirchhoff 方程及其首次积分

讨论非圆截面自由弹性细杆,沿中心线建立弧坐标 s,以截面形心 P 为原点建立截面的主轴坐标系 $(P\text{-}xyz)$,其基矢量为 e_1,e_2,e_3.沿中心线作用的分布力 $f(s)$ 来源于杆与自身或与其它物体表面的光滑接触.记 ω 为杆截面的弯扭度,即截面姿态相对弧坐标的变化率.非圆截面杆的 Kirchhoff 方程的一般形式为

$$\frac{\mathrm{d}F_1}{\mathrm{d}s} + \omega_2 F_3 - \omega_3 F_2 + f_1 = 0, \qquad (4.2.1a)$$

$$\frac{\mathrm{d}F_2}{\mathrm{d}s} + \omega_3 F_1 - \omega_1 F_3 + f_2 = 0, \qquad (4.2.1b)$$

$$\frac{\mathrm{d}F_3}{\mathrm{d}s} + \omega_1 F_2 - \omega_2 F_1 = 0, \qquad (4.2.1c)$$

$$\frac{\mathrm{d}M_1}{\mathrm{d}s} + \omega_2 M_3 - \omega_3 M_2 - F_2 = 0, \qquad (4.2.1d)$$

$$\frac{\mathrm{d}M_2}{\mathrm{d}s} + \omega_3 M_1 - \omega_1 M_3 + F_1 = 0, \qquad (4.2.1e)$$

$$\frac{\mathrm{d}M_3}{\mathrm{d}s} + \omega_1 M_2 - \omega_2 M_1 = 0, \qquad (4.2.1f)$$

式中 $F_i,M_i,f_i,\omega_i(i=1,2,3)$ 分别为截面主矢和主矩 $\boldsymbol{F},\boldsymbol{M}\,\boldsymbol{f},\boldsymbol{\omega}$ 在 $(P\text{-}xyz)$ 坐标轴上的投影.设弹性杆在松弛状态下为带有原始扭率 ω^0 的直杆,则主矩 M_i 与角速度 ω_i 满足关系式:

$$M_1 = A\omega_1,\ M_2 = B\omega_2,\ M_3 = C(\omega_3 - \omega^0), \qquad (4.2.2)$$

其中 A,B 为截面绕主轴 x,y 的抗弯刚度,C 为截面绕主轴 z 的抗扭刚度.设 A,B,C 和 ω^0 均不随弧坐标 s 变化而保持常数.对于给定的

$A, B, C, \omega^0, f_1(s), f_2(s)$ 和本构关系式(4.2.2),方程组(4.2.1)封闭.
给定端点集中力 $\boldsymbol{F}_0$ 和集中力偶 $\boldsymbol{M}_0$,或弯扭度 $\boldsymbol{\omega}$ 在 s_0 处的起始值,
方程组(4.2.1)有唯一解. 将式(4.2.1d～f)依次乘 $\omega_1, \omega_2, \omega_3$ 后与
(4.2.1c)相加,导出方程组(4.2.1)的 Jacobi 积分:

$$\frac{1}{2}(A\omega_1^2 + B\omega_2^2 + C\omega_3^2) + F_3 = H. \tag{4.2.3}$$

积分常数 H 由 ω_i 和 F_3 的起始值确定.

4.3　Schrödinger 方程的建立

以 P 点处中心线的切矢 $\boldsymbol{e}_t$、主法矢 $\boldsymbol{e}_n$ 和副法矢 $\boldsymbol{e}_b$ 为坐标轴建立
Frenet 坐标系,其中

$$\boldsymbol{e}_t = \boldsymbol{e}_3, \quad \boldsymbol{e}_n \cdot \boldsymbol{e}_1 = \boldsymbol{e}_b \cdot \boldsymbol{e}_2 = \cos\chi,$$

χ 为截面相对 Frenet 坐标系的扭角,则有

$$\begin{aligned}
\omega_1 &= \kappa\sin\chi, \\
\omega_2 &= \kappa\cos\chi, \\
\omega_3 &= \tau + \dot{\chi},
\end{aligned} \tag{4.3.1}$$

式中 $\kappa = \kappa(s)$ 和 $\tau = \tau(s)$ 分别为中心线的曲率和挠率. 法向接触力 f
在 Frenet 坐标系中的投影式为 $f = f_b\boldsymbol{e}_b + f_n\boldsymbol{e}_n$,可导出

$$f_1 = \frac{f_b\omega_1 + f_n\omega_2}{\kappa}, \quad f_2 = \frac{f_b\omega_2 - f_n\omega_1}{\kappa}. \tag{4.3.2}$$

定义以下复变量:

$$\xi = \omega_1 + i\omega_2, \quad F^c = F_1 + iF_2,$$

$$M^c = M_1 + iM_2, \quad f^c = f_n + if_b, \tag{4.3.3}$$

其中 $\text{Arg}(\xi) = \pi/2 - \chi$,称 ξ 为截面的复曲率,F^c, M^c 为复剪力和复弯矩.

则式(4.2.1a),(4.2.1b)和(4.2.1d),(4.2.1e)可综合为复微分方程:

$$\dot{F}^c + i(\omega_3 F^c - F_3 \xi) - i\frac{\xi}{|\xi|}f^c = 0, \qquad (4.3.4)$$

$$\dot{M}^c + i(\omega_3 M^c - M_3 \xi) + iF^c = 0, \qquad (4.3.5)$$

式中的点号表示对弧坐标 s 的导数. 引入弹性杆的复刚度系数 D, 定义为

$$D = D_1 + iD_2, \qquad (4.3.6)$$

其中,

$$D_1 = (A\sin^2\chi + B\cos^2\chi),$$

$$D_2 = (B - A)\sin\chi\cos\chi.$$

则复弯矩 M^c 可用复曲率 ξ 和复刚度 D 表示为

$$M^c = D\xi, \qquad (4.3.7)$$

式(4.1.3)可化为

$$F_3 = H - \frac{1}{2}(D_1 |\xi|^2 + C\omega_3^2). \qquad (4.3.8)$$

从方程(4.3.5)解出 F^c 并对 s 求导, 得到

$$F^c = i\dot{M}^c - (\omega_3 M^c - M_3 \xi), \qquad (4.3.9)$$

$$\dot{F}^c = i\ddot{M}^c - \frac{\mathrm{d}}{\mathrm{d}s}(\omega_3 M^c - M_3 \xi), \qquad (4.3.10)$$

将式(4.3.7)代入式(4.3.9),(4.3.10), 再代入方程(4.3.4), 导出复微分方程:

$$D\ddot{\xi} + ik_1\dot{\xi} + \frac{D_1}{2}|\xi|^2\xi + k_2\xi - \frac{\xi}{|\xi|}f^c = 0, \qquad (4.3.11)$$

其中系数 k_1, k_2 定义为

$$k_1 = 2D\omega_3 - C(\omega_3 - \omega^0) - 2i\dot{D}, \tag{4.3.12a}$$

$$k_2 = -H - C\omega^0\omega_3 + \left(\frac{3}{2}C - D\right)\omega_3^2 + \dot{D} +$$

$$i[2\dot{D}\omega_3 - (C - D)\dot{\omega}_3]. \tag{4.3.12b}$$

方程(4.3.11)与孤立子理论中的 Schrödinger 方程的形式相同. 利用式(4.3.3)和(4.3.6)可将方程(4.2.1f)写作

$$C\dot{\omega}_3 + D_2 \mid \xi \mid^2 = 0, \tag{4.3.13}$$

式(4.3.11),(4.3.13)组成 3 维空间中包含复变量 ξ 和实变量 ω_3 的封闭的微分方程组.

将复曲率 ξ 写作指数形式

$$\xi = \kappa(s)\exp\{i[\pi/2 - \chi(s)]\} \tag{4.3.14}$$

代入复方程(4.3.11),将虚实部分开后化作两个标量方程:

$$D_1\ddot{\kappa} + 2(\dot{D}_1 - D_2\tau)\dot{\kappa} + \frac{1}{2}D_1\kappa^3 - \frac{\mu_1}{2}\kappa = f_n, \tag{4.3.15a}$$

$$D_2\ddot{\kappa} + \mu_2\dot{\kappa} + \mu_3\kappa = f_b. \tag{4.3.15b}$$

利用式(4.2.1),(4.3.7),方程(4.3.13)可写作

$$C(\dot{\tau} + \ddot{\chi}) + D_2\kappa^2 = 0, \tag{4.3.15c}$$

式中

$$\mu_1 = 2[H + D_2\dot{\tau} - \ddot{D}_1 + (C\omega^0 + 2\dot{D}_2 - 2C\dot{\chi})\tau] -$$
$$(3C - 2D_1)\tau^2 - C\dot{\chi}^2,$$
$$\mu_2 = C(\omega^0 - \tau - \dot{\chi}) + 2(D_1\tau + \dot{D}_2),$$
$$\mu_3 = (2\dot{D}_1 - D_2\tau)\tau + D_1\dot{\tau} + \ddot{D}_2 - C(\dot{\tau} + \ddot{\chi}), \tag{4.3.16}$$

方程组(4.3.15)为封闭的实变量微分方程组,可完全确定杆的曲率、扭率和截面扭角的变化规律.

对于圆截面杆的特殊情形, $A = B$, 则 $D_1 = A$, $D_2 = 0$, 方程

(4.3.13)或(4.3.15c)存在初积分,可表示为:

$$\omega_3 = \omega^0 + \frac{Q}{\lambda},$$

或 $$\dot{\chi} = \omega^0 + \frac{Q}{\lambda} - \tau, \quad (4.3.17)$$

式中 $\lambda = C/A$, Q 为积分常数. Schrödinger 方程中的系数化作

$$k_1 = A\left[2\omega^0 + \frac{Q}{\lambda}(2-\lambda)\right],$$

$$k_2 = -H - \frac{A}{2}(2-3\lambda)\left(\frac{Q}{\lambda}\right)^2 - 2A(1-\lambda)\left(\frac{Q}{\lambda}\right)\omega^0 - \frac{A}{2}(2-\lambda)(\omega^0)^2,$$

$$\mu_1 = 2H - \frac{1}{2}AQ^2 - C\left(\frac{Q}{\lambda} + \omega^0\right)^2 + 2A\left(\tau - \frac{Q}{2}\right)^2,$$

$$\mu_2 = A(2\tau - Q),$$

$$\mu_3 = A\dot{\tau}. \quad (4.3.18)$$

代入式(4.3.11)和(4.3.15),即得到 Shi 和 Hearst 导出的圆截面杆的 Schrödinger 方程[69-71]:

$$\ddot{\xi} + i\tilde{k}_1\dot{\xi} + \frac{1}{2}|\xi|^2\xi + \tilde{k}_2\xi - \frac{\xi}{|\xi|}\tilde{f}^C = 0 \quad (4.3.19)$$

$$\ddot{\kappa} - \kappa\left(\tau - \frac{Q}{2}\right)^2 - c\kappa + \frac{1}{2}\kappa^3 = \tilde{f}_n, \quad (4.3.20a)$$

$$\kappa\dot{\tau} + 2\dot{\kappa}\left(\tau - \frac{Q}{2}\right) = \tilde{f}_b, \quad (4.3.20b)$$

式中 $\tilde{*} = */A$, $c = \frac{H}{A} - \frac{Q^2}{4} - \frac{\lambda}{2}\left(\frac{Q}{\lambda} + \omega^0\right)^2$. 当 $\tilde{f}_n = \tilde{f}_b = 0$ 时,方程(4.3.20)存在初积分:

$$\kappa^2\left(\tau - \frac{Q}{2}\right) = c. \quad (4.3.21)$$

其中 c 为积分常数,进一步可导出用椭圆函数表示的解析解[66-68].

以上建立的与孤立子理论中的 Schrödinger 方程具有相同的形式杆平衡微分方程是以曲率、挠率和截面相对 Frenet 转角为变量的,也可以以截面的复弯矩为变量,即将文献[69 - 71]的结果推广到非圆截面. 引入弹性杆的复柔度系数 J,定义为 $J = D^{-1} = \overline{D}/|D|^2$,其中 $\overline{D}$ 为 D 的共轭复数,J 可以写为

$$J = J_1 + iJ_2, \tag{4.3.22}$$

其中

$$J_1 = \frac{A\sin^2\chi + B\cos^2\chi}{(A\sin\chi)^2 + (B\cos\chi)^2},$$

$$J_2 = -\frac{(B-A)\sin\chi B\cos\chi}{(A\sin\chi)^2 + (B\cos\chi)^2}.$$

复曲率 ξ 可以用复弯矩 M^c 和复柔度系数 J 表示为

$$\xi = JM^c, \tag{4.3.23}$$

将复曲率 ξ 及其导数 $\dot{\xi}$,$\ddot{\xi}$ 代入式(4.3.11),导出关于复弯矩 M^c 的 Schrödinger 方程

$$h_1\ddot{M^c} + h_2\dot{M^c} + \frac{h_3}{2}|M^c|^2M^c + h_4M^c - h_5\frac{M^c}{|M^c|}f^c = 0, \tag{4.3.24}$$

其中:

$$h_1 = JD, \qquad\qquad h_2 = 2\dot{J}D + iJk_1,$$

$$h_3 = JD_1|J|^2, \quad h_4 = Jk_2 + \ddot{J}D + i\dot{J}k_1,$$

$$h_5 = \frac{J}{|J|}. \tag{4.3.25}$$

利用复柔度,式(4.2.1f)改写为

$$\dot{M}_3 + J_2 \mid M^c \mid^2 = 0, \tag{4.3.26}$$

式(4.3.24)和(4.3.26)关于复弯矩 M^c 和扭矩 M_3 封闭. 将复弯矩 M^c 写作指数形式

$$M^c = M^m(s) \exp\left\{i\left[\frac{\pi}{2} - \phi(s)\right]\right\}, \tag{4.3.27}$$

式中 $M^m = \mid M^c \mid$, $\phi(s) = \pi/2 - \mathrm{Arg}(M^c)$,与扭角 $\chi(s)$ 的关系为

$$\tan \phi(s) = \frac{A}{B} \tan \chi(s), \tag{4.3.28}$$

将(4.3.26)代入(4.3.24),虚实部分开后可以化作 2 个标量方程.

4.4 无扭转杆关于曲率的 Duffing 方程

考虑 $f_n \equiv f_b \equiv 0$ 时非圆截面杆平衡状态的一个特殊位形,即杆截面的主轴坐标轴与中心线的 Frenet 坐标轴重合,即对一切 s,有

$$\chi \equiv j\frac{\pi}{2}, \ (j = 0, 1, \cdots), \tag{4.4.1}$$

不失一般性,令 $\chi \equiv 0$,则有 $\omega_1 = 0, \omega_2 = \kappa, D_1 = B, D_2 = 0$. 从方程 (4.3.15c)的积分导出常值挠率 $\tau = \tau_0$,由此得 $\mu_3 = 0$. 对于 $\dot{\kappa} \neq 0$ 的一般情形,式(4.3.15b)要求 $\mu_2 = 0$,满足此条件有两种可能性,即 $C = 2B$ 且 $\omega^0 = 0$;或 τ_0 满足关系:

$$\tau_0 = \frac{C}{2B - C}\omega^0. \tag{4.4.2}$$

则 Schrödinger 方程(4.3.15a)转化为确定曲率 κ 的 Duffing 方程[8]:

$$\ddot{\kappa} - h\kappa + \frac{1}{2}\kappa^3 = 0. \tag{4.4.3}$$

式中

$$h = \frac{1}{2}\kappa_0^2 + \frac{C}{B}\left[\left(\frac{B}{C}-1\right)\tau_0^2 + \tau_0\omega^0 + \frac{F_{30}}{C}\right]. \qquad (4.4.4)$$

对于 $\mu_2 = 0$ 时的两种情形,均有 $\tau_0 = M_{30}/2B, h$ 可化作

$$h = \frac{1}{2}\kappa_0^2 - \left(\frac{M_{30}}{2B}\right)^2 + \frac{F_{30}}{B}. \qquad (4.4.5)$$

Duffing 方程(4.4.3)存在椭圆函数表示的解析解.

以下讨论 Duffing 方程(4.4.3) 常值特解的 Lyapunov 稳定并给出数值模拟的 3 维几何图象.

4.4.1 Duffing 方程常值特解的 Lyapunov 稳定性

讨论方程(4.4.3)可能存在的常值特解及其稳定性. 令 $\ddot{\kappa} = 0$,得到式(4.4.3)的常值特解:

1) 直杆解： $\kappa_0 = 0;$ (4.4.6a)

2) 螺旋杆解： $\kappa_0 = \pm\sqrt{2h}, (h > 0).$ (4.4.6b)

特解(4.4.6)给出弹性杆平衡的一个特殊位形,现讨论仅曲率受到扰动时特解的 Lyapunov 稳定性. 由于扰动前后的弹性杆都处于平衡状态,因此其稳定性并非指平衡是否因扰动而破坏,而是指平衡状态下的位形稳定性,即指 s_0 点处的扰动导致杆截面的位形改变能否小于预先给定的任意小值. 这种位形稳定性是平衡稳定性的必要条件. 由于概念的相似性,可以应用 Lyapunov 稳定性理论研究[9].

设受到扰动后曲率在起始点由 κ_0 变为 $\kappa_0 + \delta_\kappa$,在 s 处由 κ_0 变为 $\kappa_0 + x(s)$,δ_κ 和 $x(s)$ 均为小量,挠率 τ_0 和转角 $\chi_0 \equiv 0$ 不受扰动. 直杆的受扰挠性线是以 $x(s)$ 为曲率、τ_0 为挠率的空间曲线. 代入式(4.4.3)后导出线性化扰动方程:

$$\ddot{x} + h_1 x = 0. \tag{4.4.7}$$

其中

$$h_1 = \kappa_0^2 + \left(\frac{M_{30}}{2B}\right)^2 - \frac{F_{30}}{B} \tag{4.4.8}$$

将直杆解 $\kappa_0 = 0$ 代入稳定条件 $h_1 > 0$, 得到

$$F_{30} < \frac{M_{30}^2}{4B}. \tag{4.4.9}$$

不等式(4.4.9)即判断圆截面直杆平衡稳定性的 Greenhill 公式[23]. 满足此条件时直杆为唯一常值特解. 将螺旋杆解 $\kappa_0 = \pm \sqrt{2h}$ 代入式(4.4.8),

$$h_1 = \kappa_0^2 + \frac{F_{30}}{B} - \left(\frac{M_{30}}{2B}\right)^2. \tag{4.4.10}$$

当直杆稳定性条件(4.4.9)不满足, 即 $F_{30} \geqslant M_{30}^2/4B$ 时, 条件 $h_1 > 0$ 自行满足. 从而证明: 当 $h \leqslant 0$ 时, 直杆解是唯一的稳定常值特解; 而 $h > 0$ 时, 直杆解不稳定但存在稳定的螺旋杆解.

4.4.2 数值模拟

利用微分几何中的 Frenet-serret 公式可根据曲率和挠率的变化规律确定挠性线的坐标. 引入无量纲曲率和挠率: $x_\kappa = \kappa/\omega^0$, $x_\tau = \tau/\omega^0$; 无量纲弧坐标: $t = \omega^0 s$ 和无量纲参数 $g = (\omega_3^0)^2 h$, 将 Duffing 方程(4.4.3)化作无量纲形式:

$$\ddot{x}_\kappa - g x_\kappa + \frac{1}{2} x_\kappa^3 = 0. \tag{4.4.11}$$

式中点表示对无量纲弧坐标的导数. 在不同参数值和不同起始值下的 Duffing 杆的三维数值模拟图见图 4.1~4.4 所示, 图中画出的是一小段主法线沿挠性线的轨迹.

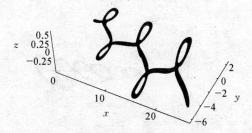

$g = 0.5, x_\kappa(0) = 0.05, \dot{x}_\kappa(0) = 0.1, x_\tau(0) = 0.01$

图 4.1 Duffing 杆数值模拟图之一

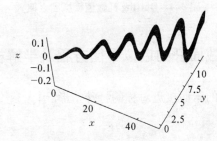

$g = -0.5, x_\kappa(0) = 0.05, \dot{x}_\kappa(0) = 0.1, x_\tau(0) = 0.01$

图 4.2 Duffing 杆数值模拟图之二

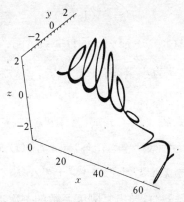

$g = 0.35, x_\kappa(0) = 0.05, \dot{x}_\kappa(0) = 0.0, x_\tau(0) = 0.05$

图 4.3 Duffing 杆数值模拟图之三

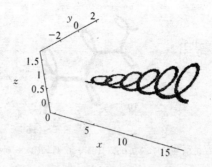

$$g = 0.5, x_\kappa(0) = 0.35, \dot{x}_\kappa(0) = 0.1, x_\tau(0) = 0.03$$

图 4.4 Duffing 杆数值模拟图之四

4.5 准对称截面杆的近似平衡方程及半解析解

讨论弹性杆的截面接近对称的特殊情形. 引入参数 σ, 定义为

$$\sigma = \frac{B}{A} - 1 \qquad (4.5.1)$$

则有

$$B = A(1 + \sigma),$$

$$D_1 = A(1 + \sigma \cos^2 \chi), \quad D_2 = \sigma A \cos \chi \sin \chi. \qquad (4.5.2)$$

杆截面接近对称时 σ 为小量, 将变量 $\kappa(s)$, $\chi(s)$ 和 $\tau(s)$ 展成 σ 的幂级数:

$$\kappa(s) = \kappa_{(0)}(s) + \sigma \kappa_{(1)}(s) + \sigma^2 \kappa_{(2)}(s) + \cdots,$$
$$\tau(s) = \tau_{(0)}(s) + \sigma \tau_{(1)}(s) + \sigma^2 \tau_{(2)}(s) + \cdots, \qquad (4.5.3)$$
$$\chi(s) = \chi_{(0)}(s) + \sigma \chi_{(1)}(s) + \sigma^2 \chi_{(2)}(s) + \cdots,$$

将上式代入方程(4.5.2), 导出复刚度系数的一次近似式:

$$D_1 = A(1 + \sigma \cos^2 \chi_{(0)}), \quad D_2 = \sigma A \cos \chi_{(0)} \sin \chi_{(0)}, \qquad (4.5.4)$$

和式(4.3.15)的零次近似方程

$$\ddot{\kappa}_{(0)} - \kappa_{(0)}\left(\tau_{(0)} - \frac{m}{2}\right)^2 - c\kappa_{(0)} + \frac{1}{2}\kappa_{(0)}^3 = \tilde{f}_n, \quad (4.5.5a)$$

$$\kappa_{(0)}\dot{\tau}_{(0)} + 2\dot{\kappa}_{(0)}\left(\tau_{(0)} - \frac{m}{2}\right) = \tilde{f}_b, \quad (4.5.5b)$$

$$\dot{\tau}_{(0)} + \ddot{\chi}_{(0)} = 0, \quad (4.5.5c)$$

式中 m 为积分常数,即 $m = \lambda(\omega_{30} - \omega^0)$. 式(4.5.5)与圆截面杆的方程(4.3.20)形式相同,因而存在椭圆函数形式的零次近似解,称此解析解为原方程(4.3.15)的半解析解.

一次近似方程写作以下形式:

$$a_{11}\ddot{\kappa}_{(1)} + a_{10}\kappa_{(1)} + b_{10}\tau_{(1)} + c_{20}\dot{\chi}_{(1)} + d_1 = 0, \quad (4.5.6a)$$

$$a_{21}\dot{\kappa}_{(1)} + a_{20}\kappa_{(1)} + b_{21}\dot{\tau}_{(1)} + b_{20}\tau_{(1)} + c_{21}\ddot{\chi}_{(1)} + c_{20}\dot{\chi}_{(1)} + d_2 = 0, \quad (4.5.6b)$$

$$2\lambda(\dot{\tau}_{(1)} + \ddot{\chi}_{(1)}) + \kappa_{(0)}^2 \sin(2\chi_{(0)}) = 0. \quad (4.5.6c)$$

其中系数定义为

$$a_{10} = \frac{3}{2}\kappa_{(0)}^2 - \left(\frac{m}{2} - \tau_{(0)}\right)^2 + \frac{1}{2\lambda}(m + \lambda\omega_3^0)^2 + \frac{m^2}{4} - \frac{H}{A},$$

$$b_{10} = [2m + \lambda\omega_3^0 - (2 - \lambda)\tau_{(0)}]\kappa_{(0)},$$

$$c_{10} = [m + \lambda(\omega_3^0 + \tau_{(0)})]\kappa_{(0)},$$

$$d_1 = \ddot{\kappa}_{(0)}\cos^2(\chi_{(0)}) + \dot{\kappa}_{(0)}\left[\tau_{(0)} - 2\left(\frac{m}{\lambda} + \omega_3^0\right)\right]\sin(2\chi_{(0)}) +$$

$$\frac{1}{2}\kappa_{(0)}^3\cos^2(\chi_{(0)}) +$$

$$\kappa_{(0)}\left\{\left[\dot{\tau}_{(0)} - 2\left(\frac{m}{\lambda} + \omega_3^0\right)\left(\frac{m}{\lambda} + \omega_3^0 - \tau_{(0)}\right)\right]\cos(2\chi_{(0)}) - \right.$$

$$\tau_{(0)}^2 \cos^2(\chi_{(0)}) \Big\},$$

$$a_{21} = 2\tau_{(0)} - m, \qquad a_{20} = \dot{\tau}_{(0)},$$

$$b_{21} = (1-\lambda)\kappa_{(0)}, \qquad b_{20} = (2-\lambda)\dot{\kappa}_{(0)},$$

$$c_{21} = -\lambda\kappa_{(0)}, \qquad c_{20} = -\lambda\dot{\kappa}_{(0)},$$

$$d_2 = \frac{1}{2}\dddot{\kappa}_{(0)}\sin(2\chi_{(0)}) +$$

$$\left\{ 2\left(\frac{m}{\lambda} + \omega^0\right)\cos(2\chi_{(0)}) + [1 - \cos(2\chi_{(0)})]\tau_{(0)} \right\}\dot{\kappa}_{(0)} +$$

$$\left\{ \left[-2\tau_{(0)}\left(\frac{m}{\lambda} + \omega^0\right) + \frac{3}{2}\tau_{(0)}^2 \right]\sin(2\chi_{(0)}) + \right.$$

$$\left. \frac{1}{2}[1 + \cos(2\chi_{(0)})]\dot{\tau}_{(0)} \right\}\kappa_{(0)}.$$

将零次近似的解代入一次近似方程(4.5.6),可用数值方法计算一次近似解.再代入式(4.5.3),最终导出曲率、挠率和相对转角的变化规律.

4.6　平衡的反问题及其解法初步

弹性杆的平衡问题是指给定杆的作用力、约束、几何和物理参数,通过平衡微分方程的求解确定杆的平衡位形.其反问题则是指确定杆的作用力、约束、几何和物理参数,使得具备这些几何和物理参数的杆在这些力、约束作用下满足给定特性的平衡位形是可能的平衡位形.平衡的反问题是有实际意义的,它可以根据实验观测数据寻找问题的原因,也可以对杆进行几何和物理设计,使杆获得给定的位形.

Schrödinger 方程给一类平衡的反问题的讨论带来方便:给定杆的几何和物理参数以及曲率 κ 及其导数 $\dot{\kappa}$、挠率 τ 和截面相对 Frenet 坐标系的转角 χ 满足的几何特性

$$\varphi_i(\dot{\kappa}, \kappa, \tau, \chi, s) = c_i, \quad (i = 1, 2) \tag{4.6.1}$$

其中 c_i 为常数. 确定主动力 $\tilde{f}_n$、$\tilde{f}_b$, 使得满足性质(4.6.1)的平衡位形是可能的平衡位形. 这种平衡的逆问题称为平衡方程的建立[138].

讨论圆截面杆. 将式(4.6.1)对 s 求导, 并将式(4.3.20)解出 $\ddot{\kappa}$、$\dot{\tau}$ 和 $\dot{\chi}$ 后代入, 导出如下矩阵方程

$$\Delta_\varphi \tilde{f} = \Phi, \tag{4.6.2}$$

式中

$$\Delta_\varphi = \begin{bmatrix} \dfrac{\partial \varphi_1}{\partial \dot{\kappa}} & \dfrac{\partial \varphi_1}{\partial \tau} \\ \dfrac{\partial \varphi_2}{\partial \dot{\kappa}} & \dfrac{\partial \varphi_2}{\partial \tau} \end{bmatrix}, \quad \tilde{f} = \begin{bmatrix} \tilde{f}_n \\ \tilde{f}_b \end{bmatrix}, \quad \Phi = \begin{bmatrix} \Phi_1 \\ \Phi_2 \end{bmatrix},$$

$$\Phi_i = -\frac{\partial \varphi_i}{\partial \dot{\kappa}}\left[\kappa\left(\tau - \frac{Q}{2}\right)^2 + c\kappa - \frac{1}{2}\kappa^3\right] - \frac{\partial \varphi_i}{\partial \kappa}\dot{\kappa} + \frac{\partial \varphi_i}{\partial \kappa}\dot{\kappa} +$$

$$\frac{\partial \varphi_i}{\partial \tau}\left[\frac{2\dot{\kappa}}{\kappa}\left(\tau - \frac{Q}{2}\right)\right] - \frac{\partial \varphi_i}{\partial \chi}\left(\omega^0 + \frac{Q}{\lambda} - \tau\right) - \frac{\partial \varphi_i}{\partial s}$$

$$(i = 1, 2). \tag{4.6.3}$$

设 $\det(\Delta_\varphi) \neq 0$, 从式(4.6.2)可解得能使杆的位形满足给定条件(4.6.1)的广义力

$$\tilde{f} = \Delta_\varphi^{-1}\Phi, \tag{4.6.4}$$

由此建立了杆平衡的 Schrödinger 方程. 还可以讨论平衡方程的修改和平衡方程的封闭等反问题.

4.7 小结

1) 导出的非圆截面的 Schrödinger 方程是关于杆中心线曲率、挠率和截面相对 Frenet 坐标系转角的 2 阶常微分方程组, 与 Kirchhoff 方程等价, 圆截面是其特殊情形.

2) 对于截面的主轴坐标轴与中心线的 Frenet 坐标轴重合的特

殊情形,中心线挠率必为常数,关于中心线曲率的常微分方程具有 Duffing 方程的形式. 存在 2 个常值特解:直杆解和螺旋杆解. 当 $F_{30} < \dfrac{M_{30}^2}{4B}$ 时,直杆解是唯一稳定的;否则,直杆解是不稳定的而螺旋杆解是稳定的. 数值模拟显示,Duffing 杆具有各异的几何形态.

3) Schrödinger 方程给一类平衡的反问题的讨论带来方便,给出了平衡方程建立的解法.

第五章 Kirchhoff 方程的相对常值 特解及其 Lyapunov 稳定性

5.1 引言

超细长弹性杆的平衡条件是一组以弧坐标为自变量的常微分方程组,因此就可以用定性理论讨论其解的稳定性问题. 稳定性可以有不同的定义,例如,Euler 稳定性和 Lyapunov 稳定性. 本章主要是讨论相对不同坐标系的常值特解的 Lyapunov 稳定性. 由于受扰和未扰状态都满足同一个微分方程组,因此,这种稳定性不是动力学意义上的,而是静态稳定性.

研究长为 l 的非圆截面 Kirchhoff 弹性细杆,不计中心线的伸缩. 建立固定参考系 $O\text{-}\xi\eta\zeta$,沿 $O\text{-}\xi\eta\zeta$ 坐标轴的单位基矢量为 e_ξ, e_η, e_ζ,杆的中心线矢径为 $r(s)$,其中 s 为杆的中心线弧坐标. 在中心线 p 处建立与截面固连的形心主轴坐标系 $p\text{-}xyz$,沿 $p\text{-}xyz$ 坐标轴的单位基矢量为 $e_1(s), e_2(s), e_3(s)$,其中 $e_3 = \mathrm{d}r/\mathrm{d}s$ 为中心线的单位切矢,指向弧坐标增加的方向. 给定弧坐标 s,存在两个相对的截面,规定截面的外法矢与弧坐标增加方向一致的截面称为 s 的正截面,记为 s^+,反之称为 s 的负截面,记为 s^-.

Kirchhoff 方程在固定坐标系中表为

$$\frac{\mathrm{d}\boldsymbol{F}}{\mathrm{d}s} = 0, \tag{5.1.1a}$$

$$\frac{\mathrm{d}\boldsymbol{M}}{\mathrm{d}s} + \boldsymbol{e}_3 \times \boldsymbol{F} = 0. \tag{5.1.1b}$$

其中 $\boldsymbol{F}, \boldsymbol{M}, \omega$ 为 s^+ 截面上内力在形心处的主矢和主矩；在主轴坐标系中表为

$$\frac{\tilde{\mathrm{d}}\boldsymbol{F}}{\mathrm{d}s} + \omega \times \boldsymbol{F} = 0, \tag{5.1.2a}$$

$$\frac{\tilde{\mathrm{d}}\boldsymbol{M}}{\mathrm{d}s} + \omega \times \boldsymbol{M} + \boldsymbol{e}_3 \times \boldsymbol{F} = 0. \tag{5.1.2b}$$

式中符号 ˜ 表示相对主轴坐标系的导数. 本构关系可用沿主轴的分量表示为

$$
\begin{aligned}
M_1 &= A(\omega_1 - \omega_1^0), \\
M_2 &= B(\omega_2 - \omega_2^0), \\
M_3 &= C(\omega_3 - \omega_3^0).
\end{aligned}
\tag{5.1.3}
$$

式中 $\omega_i^0 = \omega_i^0(s), (i = 1, 2, 3)$ 为给定的杆在无力作用状态下已存在的弯扭度分量, 称为原始弯扭度分量; A, B 为截面绕主轴 x, y 的抗弯刚度, 可表为 $A = EI_1, B = EI_2, C$ 为截面绕主轴 z 的抗扭刚度, 在圆截面情形下可表为 $C = GI_3$, 其中 E 为材料的杨氏弹性模量, G 为剪切弹性模量, I_1, I_2, I_3 分别为截面对主轴 x, y 的惯性矩和对形心的极惯性矩.

以中心线 p 点的切矢 $\boldsymbol{e}_t = \boldsymbol{e}_t(s)$、主法矢 $\boldsymbol{e}_n = \boldsymbol{e}_n(s)$ 和副法矢 $\boldsymbol{e}_b = \boldsymbol{e}_b(s)$ 建立 Frenet 活动标架 $(\boldsymbol{e}_t, \boldsymbol{e}_n, \boldsymbol{e}_b)$ [142], 其中 $\boldsymbol{e}_t = \boldsymbol{e}_3, \boldsymbol{e}_b \cdot \boldsymbol{e}_2 = \cos \chi$. 导出关系:

$$
\begin{aligned}
\omega_1 &= \kappa \sin \chi, \\
\omega_2 &= \kappa \cos \chi, \\
\omega_3 &= \tau + \frac{\mathrm{d}\chi}{\mathrm{d}s},
\end{aligned}
\tag{5.1.4}
$$

式中 $\chi = \chi(s)$ 为主轴坐标系 $p\text{-}xyz$ 和 Frenet 坐标系 $(\boldsymbol{e}_t, \boldsymbol{e}_n, \boldsymbol{e}_b)$ 的转角, $\kappa = \kappa(s)$ 和 $\tau = \tau(s)$ 分别为挠性线的曲率和挠率. Kirchhoff 方程

在 Frenet 坐标系中的形式是

$$\frac{\hat{\mathrm{d}}\boldsymbol{F}}{\mathrm{d}s} + \boldsymbol{\Phi} \times \boldsymbol{F} = 0, \tag{5.1.5a}$$

$$\frac{\hat{\mathrm{d}}\boldsymbol{M}}{\mathrm{d}s} + \boldsymbol{\Phi} \times \boldsymbol{M} + \boldsymbol{e}_t \times \boldsymbol{F} = 0, \tag{5.1.5b}$$

式中符号 ^ 表示相对 Frenet 坐标系的导数,$\boldsymbol{\Phi} = \kappa \boldsymbol{e}_b + \tau \boldsymbol{e}_t$ 为 Darboux 矢,本构方程在 Frenet 坐标系中的形式为:

$$M_n = \kappa(A-B)\sin\chi\cos\chi - A\omega_1^0\cos\chi + B\omega_2^0\sin\chi;$$
$$\tag{5.1.6a}$$

$$M_b = \kappa(A\sin^2\chi + B\cos^2\chi) - A\omega_1^0\sin\chi - B\omega_2^0\cos\chi;$$
$$\tag{5.1.6b}$$

$$M_t = C(\tau + \dot{\chi} - \omega_3^0). \tag{5.1.6c}$$

5.2 Kirchhoff 方程相对固定坐标系的常值特解及其稳定性

相对固定参考系的常值特解是指式(5.1.1)中相对该参考系的导数项为零时所对应的特解,称此常值特解是绝对的. 式(5.1.1)第一式本身要求主矢 $\boldsymbol{F}$ 是常值,令式(5.1.1)第二式中的导数项为零,给出

$$\boldsymbol{e}_3 \times \boldsymbol{F} = 0. \tag{5.2.1}$$

绝对常值特解的物理意义是横截面上的主矢 $\boldsymbol{F}$ 和主矩 $\boldsymbol{M}$ 在该坐标系中为常矢量. 式(5.2.1)对应于两种情况:$\boldsymbol{F} \equiv 0$ 或 $\boldsymbol{F} \neq 0$. 下面分别予以讨论:

1) 主矢 $\boldsymbol{F}$ 恒为零,主矩 $\boldsymbol{M}$ 为常矢量:

$$\boldsymbol{F}_s = 0,$$

$$\boldsymbol{M}_s(s) = M_{s1}(s)\boldsymbol{e}_1 + M_{s2}(s)\boldsymbol{e}_2 + M_{s3}(s)\boldsymbol{e}_3 = \text{const.}$$

且在主轴坐标系中满足方程

$$\frac{\tilde{d}\boldsymbol{M}}{ds} + \boldsymbol{\omega} \times \boldsymbol{M} = 0. \tag{5.2.2}$$

式(5.2.2)和(5.1.3)连同定解条件决定了此情形下的弹性杆在固定坐标系中的平衡位形.式(5.2.2)存在两个初积分

$$\boldsymbol{\omega} \cdot \boldsymbol{M} = 2T, \tag{5.2.3a}$$

$$\boldsymbol{M} \cdot \boldsymbol{M} = M_0^2. \tag{5.2.3b}$$

其中,第一式须原始弯扭度分量 ω_i^0 为常数,T 和 M_0 为积分常数,由截面在起始点处的状态确定.这两个初积分在主矩空间 $O\text{-}M_1M_2M_3$ 中分别为椭球面和球面.

$$\frac{1}{2}\left\{\frac{1}{A}(M_1+A\omega_1^0)^2 + \frac{1}{B}(M_2+B\omega_2^0)^2 + \frac{1}{C}(M_3+C\omega_3^0)^2\right\} = T+T^0,$$
$$\tag{5.2.4a}$$

$$M_1^2 + M_2^2 + M_3^2 = M_0^2, \tag{5.2.4b}$$

式中 $T^0 = (A\omega_1^{0\,2} + B\omega_2^{0\,2} + C\omega_3^{0\,2})/2$. 截面的主矩空间 $O\text{-}M_1M_2M_3$ 与主轴空间 $p\text{-}xyz$ 的轴完全重合,但量纲不同.当截面沿中心线以单位速度"运动"时,主矩空间中的代表点沿两个球面的交线运动.式(5.2.2)在原始弯扭度分量 ω_i^0 不全为零的情况下等同于陀螺体的动力学方程;当 $\omega_i^0 \equiv 0$ 时,等同于无力矩刚体的定点转动方程,此时存在 3 个特解[137]:

$$S_1: \omega_{s1} = \omega_{s2} = 0, \omega_{s3} = \omega_{30}; \tag{5.2.5a}$$

$$S_2: \omega_{s2} = \omega_{s3} = 0, \omega_{s1} = \omega_{10}; \tag{5.2.5b}$$

$$S_3: \omega_{s3} = \omega_{s1} = 0, \omega_{s2} = \omega_{20}; \tag{5.2.5c}$$

式中 ω_{i0} 为弹性杆在起始点处的弯扭度分量.这些特解所描述的是截面绕主轴之一的均匀"转动",此时,弯扭度 $\boldsymbol{\omega}$ 和主矢 $\boldsymbol{M}$ 在固定和主轴坐标系中皆为常矢. 由刚体动力学知, 绕最大或最小刚度主轴的"转动"是稳定的, 绕中间刚度主轴的"转动"是不稳定的. 通常杆的抗扭刚度小于抗弯刚度, 因此, 特解 S_1 是稳定的, 而 S_2 和 S_3 中一个稳定另一个不稳定.

2) 主矢 F 为固定坐标系中的非零常矢量, 则 e_3 方向与 F 平行因而也是固定坐标系中的常矢量. 由此可知此时的常值特解是直杆. 从而 $\omega_{s1} = \omega_{s2} = 0$, 及

$$F_s = F_s e_3, \tag{5.2.6a}$$

$$M_s = -A\omega_1^0 e_1 - B\omega_2^0 e_2 + C(\omega_{s3} - \omega_3^0) e_3. \tag{5.2.6b}$$

式中 M_s 满足式(5.2.2), 即

$$-A\dot{\omega}_1^0 + B\omega_2^0 \omega_{s3} = 0,$$
$$B\dot{\omega}_2^0 + A\omega_1^0 \omega_{s3} = 0, \tag{5.2.7}$$
$$\dot{\omega}_{s3} - \dot{\omega}_3^0 = 0.$$

导出

$$\omega_{s3} = \omega_3^0 + \frac{h_3}{C}, \qquad (h_3\ 为常数)$$
$$(A\omega_1^0)^2 + (B\omega_2^0)^2 = h^2, \quad (常数) \tag{5.2.8a}$$
$$\omega_3^0 = h_3 + \frac{A\dot{\omega}_1^0}{B\omega_2^0}, \qquad (\omega_2^0 \neq 0),$$

否则

$$\omega_3^0 = h_3. \tag{5.2.8b}$$

式(5.2.8b)是原始弯扭度 ω^0 必须满足的条件. 对于 $A = B$ 的特殊情形, 式(5.2.8b)中的第一式表示弹性杆中心线的原始曲率为常数.

下面就 $F_s \neq 0$ 情形, 即直杆的情形讨论常值特解(5.2.6)的

2005 年上海大学
博士学位论文

Lyapunov 稳定性. 对弹性杆起始点的扰动导致 s 截面的内力和弯扭度偏离常值特解:

$$F = F_s + f,$$
$$M = M_s + m, \qquad (5.2.9)$$
$$\omega = \omega_s + \delta,$$

式中, f, m, δ 为扰动量, $m = A\delta_1 e_1 + B\delta_2 e_2 + C\delta_3 e_3$. 代入式(5.1.2), 略去二阶微量, 导出线性化扰动方程:

$$\frac{\tilde{d}f}{ds} = -\omega_s \times f + F_s \times \delta, \qquad (5.2.10a)$$

$$\frac{\tilde{d}m}{ds} = -\omega_s \times m + M_s \times \delta - e_3 \times f, \qquad (5.2.10b)$$

定义无量纲弧坐标 t 和无量纲扰动量 x_i,

$$t = \omega_3^0 s, \quad x_i = \frac{f_i}{F_s}, \quad (i = 1, 2, 3),$$

$$x_i = \frac{\delta_i}{\omega_3^0}, \quad (i = 4, 5, 6), \qquad (5.2.11)$$

和无量纲参数

$$\gamma_i = \frac{\omega_i^0}{\omega_3^0}, \ (i = 1, 2), \quad \gamma = \frac{\omega_{s3}}{\omega_3^0},$$

$$\zeta = \frac{F_s}{B(\omega_3^0)^2}, \ \sigma = \frac{B}{A} - 1, \ \nu = \frac{B}{C} - 1 \qquad (5.2.12)$$

式(5.2.10)化作无量纲的矩阵形式:

$$\dot{x} = Wx, \qquad (5.2.13)$$

其中, $x = (x_1, \cdots, x_6)^T, \dot{x} = dx/ds$, 矩阵 W 定义为:

$$W = \begin{pmatrix} 0 & \gamma & 0 & 0 & -1 & 0 \\ -\gamma & 0 & 0 & 1 & 0 & 0 \\ 0 & 0 & 0 & 0 & 0 & 0 \\ 0 & \zeta(1+\sigma) & 0 & 0 & a_{45} & -\gamma_2(1+\sigma) \\ -\zeta & 0 & 0 & a_{54} & 0 & \dfrac{\gamma_1}{1+\sigma} \\ 0 & 0 & 0 & -\gamma_2(1+\nu) & a_{65} & 0 \end{pmatrix}.$$

$$(5.2.14)$$

其中

$$a_{54} = -\frac{1+\sigma+\gamma(\nu-\sigma)}{(1+\nu)(1+\sigma)},$$

$$a_{45} = \frac{(1+\gamma\nu)(1+\sigma)}{1+\nu},$$

$$a_{65} = -\frac{\gamma_1(1+\nu)}{1+\sigma}.$$

将特征方程 $|W-\lambda E| = 0$ 展开:

$$\lambda(\lambda^5 + a_1\lambda^3 + a_2\lambda^2 + a_3\lambda + a_4) = 0, \qquad (5.2.15)$$

其中

$$a_1 = \gamma^2 + (1+\nu)\left(\frac{\gamma_1}{1+\sigma}\right)^2 + (1+\nu)(1+\sigma)\gamma_2^2 -$$

$$\zeta(2+\sigma) + \frac{(1+\gamma\nu)[1+\sigma+\gamma(\nu-\sigma)]}{(1+\nu)^2}; \qquad (5.2.16a)$$

$$a_2 = \frac{\sigma\gamma\gamma_1\gamma_2(1+\nu)}{1+\sigma}; \qquad (5.2.16b)$$

$$a_3 = (1+\sigma)\zeta^2 + (\gamma^2-\zeta)(1+\nu)(1+\sigma)\gamma_2^2 - \frac{\zeta(1+\nu)\gamma_1^2}{1+\sigma} +$$

$$(1+\nu)\left(\frac{\gamma\gamma_1^2}{1+\sigma}\right)^2 + \frac{\zeta\gamma[\gamma\sigma(\nu-1)+2(1+\gamma\nu+\sigma)]}{1+\nu} +$$

$$(1+\gamma\nu)[1+\sigma+\gamma(\nu-\sigma)]\left(\frac{\gamma}{1+\nu}\right)^2; \qquad (5.2.16c)$$

$$a_4 = \frac{\sigma\gamma^3\gamma_1\gamma_2(1+\nu)}{1+\sigma}. \qquad (5.2.16d)$$

注意到,特征方程(5.2.15)以及后面的(5.2.17)、(5.3.5)和(5.4.12)均存在零根,表明线性化系统存在某种"守恒运动".零根对应的特征向量与守恒量的梯度方向一致[64]. Kirchhoff 杆平衡的 Lyapunov 稳定性取决于特征方程的非零根.本文讨论特征方程的非零根均为纯虚根的条件只是稳定的必要条件.

根据代数方程的笛卡尔符号法则,我们有下面不稳定的简单命题:如果特征方程的系数序列$\{1, a_1, a_2, a_3, a_4\}$的变号数为1,则方程有且仅有一个正根,则弹性杆是不稳定的[157].

考虑特殊情形:

$$a_2 = a_4 = 0,$$

特征方程(5.2.15)成为

$$\lambda^2(\lambda^5 + a_1\lambda^2 + a_3) = 0. \qquad (5.2.17)$$

特征方程除零根外只有纯虚根的条件是

$$a_1 > 0, \ a_3 > 0, \ a_1^2 - 4a_3 \geqslant 0, \qquad (5.2.18)$$

稳定域如图 5.1 所示.表明具有原始曲率和扭率的圆截面直杆在受压时在一次近似意义下总是稳定的,而如果特解扭率为零时的受拉状态总是不稳定的.

在$a_2 = a_4 = 0$的众多特殊情形中,进一步考虑以下简单情形:

1) 直杆为圆截面,且中心线原始曲率为零:$\omega_1^0 = 0, \omega_2^0 = 0$时,特征方程(5.2.15)中的系数为

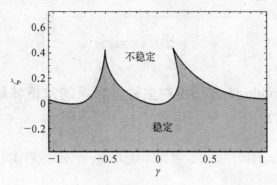

$$\gamma_1 = 0.5, \gamma_2 = 0.2, \sigma = 0, \nu = 1.2$$

图 5.1　参数平面(γ, ζ)内的稳定域

$$a_1 = \left(\frac{M_{s3} - A\omega_{s3}}{A}\right)^2 + (\omega_{s3})^2 - \frac{2F_{s3}}{A},$$

$$a_3 = \left(\frac{F_{s3} - M_{s3}\omega_{s3} + A(\omega_{s3})^2}{A}\right)^2, \qquad (5.2.19)$$

稳定判据(5.2.18)给出稳定条件

$$F_{s3} \leqslant \frac{M_{s3}^2}{4A} \qquad (5.2.20)$$

这就是 Greenkill 于 1883 年导出的 Greenkill 判据.

　　2) 直杆中心线的原始曲率为零,扭率为原始扭率：$\omega_1^0 = 0, \omega_2^0 = 0, \omega_{s3} = \omega_3^0$. 特征方程(5.2.17)中的系数为

$$a_1 = 2(\omega_3^0)^2 - \frac{A + B}{AB}F_{s3},$$

$$a_3 = \frac{1}{AB}[A(\omega_3^0)^2 + F_{s3}][B(\omega_3^0)^2 + F_{s3}], \qquad (5.2.21)$$

稳定判据(5.2.18)给出稳定条件(设 $A = B$)

$$F_{s3} \leqslant -B(\omega_3^0)^2,$$

或

$$-A(\omega_3^0)^2 \leqslant F_{s3} \leqslant 0. \tag{5.2.22}$$

5.3 Kirchhoff 方程相对主轴坐标系的常值特解及其稳定性

令式(5.1.2)中的导数项为零导出 Kirchhoff 方程在主轴坐标系中的常值特解方程:

$$\boldsymbol{\omega} \times \boldsymbol{F} = 0, \tag{5.3.1a}$$

$$\boldsymbol{\omega} \times \boldsymbol{M} + \boldsymbol{e}_3 \times \boldsymbol{F} = 0, \tag{5.3.1b}$$

它要求存在常数 c 使 $\boldsymbol{\omega} = c\boldsymbol{F}$ 并且与矢量 $(c\boldsymbol{M} - \boldsymbol{e}_3)$ 平行. 此常值特解是相对主轴坐标系的,它组成一个 2 维流形,

$$X_P = \{(\boldsymbol{F}, \boldsymbol{M}) \mid \boldsymbol{\omega} \times \boldsymbol{F} = 0, \boldsymbol{\omega} \times \boldsymbol{M} + \boldsymbol{e}_3 \times \boldsymbol{F} = 0\}$$

称之为相对主轴坐标系的常值特解流形,用显式表示为

$$F_{s1} = \frac{A\omega_1^0}{(A-B)\omega_{s2} + B\omega_2^0}[-M_{s2}\omega_{s3} + M_{s3}\omega_{s2}]; \tag{5.3.2a}$$

$$F_{s2} = -M_{s2}\omega_{s3} + M_{s3}\omega_{s2}; \tag{5.3.2b}$$

$$F_{s3} = \frac{\omega_{s3}}{\omega_{s2}}(-M_{s2}\omega_{s3} + M_{s3}\omega_{s2}); \tag{5.3.2c}$$

$$M_{s1} = \frac{A\omega_1^0 M_{s2}}{(A-B)\omega_{s2} + B\omega_2^0}. \tag{5.3.2d}$$

相对主轴坐标系的常值特解的物理意义是主矢和主矩在主轴坐标系中为常矢量.

下面就只有原始扭率而无原始曲率的圆截面杆讨论常值特解(5.3.2)的 Lyapunov 稳定性. 此时式(5.3.2)简化为:

$$F_{s1} = 0; \tag{5.3.3a}$$

$$F_{s2} = -\omega_{s2}[(B-C)\omega_{s3} + C\omega_3^0]; \tag{5.3.3b}$$

$$F_{s3} = -\omega_{s3}[(B-C)\omega_{s3} + C\omega_3^0]; \tag{5.3.3c}$$

$$\omega_{s1} = 0; \tag{5.3.3d}$$

扰动量、线性化扰动方程与式(5.2.9)、(5.2.10)相同,其中系数矩阵 W 改为:

$$W = \begin{pmatrix} 0 & \omega_{s3} & -\omega_{s2} & 0 & -F_{s3} & F_{s2} \\ -\omega_{s3} & 0 & \omega_{s1} & F_{s3} & 0 & 0 \\ \omega_{s2} & -\omega_{s1} & 0 & -F_{s2} & 0 & 0 \\ 0 & 1/A & 0 & 0 & b_{45} & b_{46} \\ -1/A & 0 & 0 & b_{54} & 0 & 0 \\ 0 & 0 & 0 & 0 & 0 & 0 \end{pmatrix}, \tag{5.3.4}$$

其中

$$b_{54} = \frac{M_3}{A} - \omega_{s3},$$

$$b_{45} = -\frac{M_3}{A} + \omega_{s3},$$

$$b_{46} = \frac{(A-C)\omega_2}{A}.$$

特征方程为 $|W - \lambda E| = 0$ 为:

$$\lambda^4(\lambda^2 + b) = 0, \tag{5.3.5}$$

式中

$$b = \frac{1}{A^2}[M_{s2}^2 + (M_{s3} - 2A\omega_{s3})^2], \tag{5.3.6}$$

因特征方程(5.3.5)除零根外,只有纯虚根,所以,常值特解流形

(5.3.3)中的每一点在一次近似意义下是稳定的,从而常值特解流形在一次近似意义下稳定[150].

5.4 Kirchhoff 方程相对 Frenet 坐标系的常值特解及其稳定性

令式(5.1.5)中的导数项为零导出 Kirchhoff 方程在 Frenet 坐标系中的常值特解方程:

$$\boldsymbol{\Phi} \times \boldsymbol{F} = 0, \tag{5.4.1a}$$

$$\boldsymbol{\Phi} \times \boldsymbol{M} + \boldsymbol{e}_t \times \boldsymbol{F} = 0, \tag{5.4.1b}$$

它组成一个 3+1 维流形,

$$X_F = \{(\boldsymbol{F}, \boldsymbol{M}) \mid \boldsymbol{\Phi} \times \boldsymbol{F} = 0, \boldsymbol{\Phi} \times \boldsymbol{M} + \boldsymbol{e}_t \times \boldsymbol{F} = 0\}, \tag{5.4.2}$$

称之为相对 Frenet 坐标系的常值特解流形. 考虑原始弯扭度分量 $\omega_2^0 = 0$ 时 X_F 的一个子流形:

$$X_F^* = \{X_F \mid \chi_s = \pi/2\}. \tag{5.4.3}$$

$\dim(X_F^*) = 3$,用显式表示为

$$F_{ns} = 0, \tag{5.4.4a}$$

$$F_{bs} = \tau_s M_{bs} - \kappa_s M_{ts}, \tag{5.4.4b}$$

$$F_{ts} = \frac{\tau_s^2}{\kappa_s} M_{bs} - \tau_s M_{ts}. \tag{5.4.4c}$$

主矩常值特解为

$$M_{ns} = 0; \tag{5.4.5a}$$

$$M_{bs} = A(\kappa_s - \omega_1^0); \tag{5.4.5b}$$

$$M_{ts} = C(\tau_s + \dot{\chi}_s - \omega_3^0). \qquad (5.4.5c)$$

下面讨论上述常值特解的 Lyapunov 稳定性. 对弹性杆起始点的扰动导致 s 截面的内力和弯扭度偏离常值特解:

$$\boldsymbol{F} = \boldsymbol{F}_s + \boldsymbol{f}, \qquad (5.4.6a)$$

$$\boldsymbol{\Phi} = \boldsymbol{\Phi}_s + \boldsymbol{\phi}, \qquad (5.4.6b)$$

$$\boldsymbol{M} = \boldsymbol{M}_s + \boldsymbol{m}, \qquad (5.4.6c)$$

$$\chi = \chi_s + \delta_\chi. \qquad (5.4.6d)$$

式中 $\boldsymbol{f}, \boldsymbol{\phi}, \boldsymbol{m}, \delta_\chi$ 为扰动量,

$$\boldsymbol{\phi} = \phi_\kappa \boldsymbol{e}_b + \phi_\tau \boldsymbol{e}_t, \quad \boldsymbol{m} = m_n \boldsymbol{e}_n + m_b \boldsymbol{e}_b + m_t \boldsymbol{e}_t,$$

存在关系

$$m_n = (B\kappa_s - M_{bs})\phi_\chi, \qquad (5.4.7a)$$

$$m_b = A\phi_\kappa, \qquad (5.4.7b)$$

$$m_t = C(\phi_\tau + \dot{\phi}_\chi). \qquad (5.4.7c)$$

式中 $\dot{\phi}_\chi = \mathrm{d}\phi_\chi / \mathrm{d}t$. 将式(5.4.6)代入式(5.1.5),略去二阶微量,导出线性化扰动方程:

$$\frac{\hat{\mathrm{d}}\boldsymbol{f}}{\mathrm{d}s} = -\boldsymbol{\Phi}_s \times \boldsymbol{f} + \boldsymbol{F}_s \times \boldsymbol{\phi}, \qquad (5.4.8a)$$

$$\frac{\hat{\mathrm{d}}\boldsymbol{m}}{\mathrm{d}s} = -\boldsymbol{\Phi}_s \times \boldsymbol{m} + \boldsymbol{M}_s \times \boldsymbol{\phi} - \boldsymbol{e}_3 \times \boldsymbol{f}, \qquad (5.4.8b)$$

定义无量纲弧坐标 t 和无量纲扰动量 x_i,

$$t = \kappa_s s, \quad x_i = \frac{f_i}{F_{bs}}, \quad (i = 1, 2, 3),$$

$$x_4 = \frac{\phi_\kappa}{\kappa_s}, \quad x_5 = \frac{\phi_\tau}{\kappa_s}, \quad x_6 = \phi_\chi, \qquad (5.4.9)$$

写成无量纲的矩阵形式：

$$W_1 \dot{x} = W_2 x, \tag{5.4.10}$$

其中, $x = (x_1, \cdots, x_6)^{\mathrm{T}}, \dot{x} = \mathrm{d}x/\mathrm{d}s$, 并设解为 $x = X\exp(\lambda s), X = (X_1, \cdots, X_6)^{\mathrm{T}}$. 矩阵 W_1, W_2 定义为:

$$W_1 = \begin{pmatrix} 1 & 0 & 0 & 0 & 0 & 0 \\ 0 & 1 & 0 & 0 & 0 & 0 \\ 0 & 0 & 1 & 0 & 0 & 0 \\ 0 & 0 & 0 & 0 & 0 & a_{46} \\ 0 & 0 & 0 & 1+\nu & 0 & 0 \\ 0 & 0 & 0 & 0 & 1+\sigma & (1+\sigma)\lambda \end{pmatrix},$$

$$W_2 = \begin{pmatrix} 0 & \delta_1 & -1 & -\delta_1 & -1 & 0 \\ -\delta_1 & 0 & 0 & 0 & 0 & 0 \\ -1 & 0 & 0 & 0 & 0 & 0 \\ 0 & -b_{43} & 0 & -b_{44} & -b_{45} & 0 \\ -b_{51} & 0 & 0 & 0 & 0 & -b_{56} \\ 0 & 0 & 0 & 0 & 0 & -b_{66} \end{pmatrix},$$

其中,

$$a_{46} = 1 + \sigma + (\sigma + \varphi_1)(1+\nu), \tag{5.4.11a}$$

$$\begin{aligned} b_{51} &= -b_{42} \\ &= \delta_1[\sigma - \nu + \varphi_1(1+\nu)] + \delta_2(1+\sigma) - \varphi_3(1+\sigma), \end{aligned} \tag{5.4.11b}$$

$$b_{44} = \delta_1(\nu - \sigma) - (1+\sigma)(\delta_2 - \varphi_3), \tag{5.4.11c}$$

$$b_{45} = \nu - \sigma - (1+\nu)\varphi_1, \tag{5.4.11d}$$

$$b_{66} = (1+\nu)(\sigma + \varphi_1), \tag{5.4.11e}$$

$$b_{56} = -\delta_1 b_{66}. \tag{5.4.11f}$$

将式(5.4.10)的特征方程 $|W_2 - \lambda W_1| = 0$ 展开:

$$\lambda^2 (a_0 \lambda^4 + a_1 \lambda^2 + a_2) = 0, \tag{5.4.12}$$

式中

$$a_0 = (1+\sigma)^2 (1+\nu)^2, \tag{5.4.13a}$$

$$
\begin{aligned}
a_1 =\ & (1+\sigma)\{b_{44} b_{66} \delta_1 - b_{42}[b_{44} + \delta_1(1+\nu)]\} - \\
& (1+\nu)(1+\sigma)^2 [b_{42}\delta_1 - (1+\delta_1^2)(1+\nu)] + \\
& (1+\nu)^2 (\sigma + \varphi_1)[\sigma - \nu + \varphi_1(1+\nu)],
\end{aligned} \tag{5.4.13b}
$$

$$
\begin{aligned}
a_2 =\ & b_{66}\{b_{42} b_{44} - b_{45}(1+\delta_1)^2(1+\nu) + \delta_1^3(1+\sigma)(b_{42}+b_{44}) + \\
& \delta_1[b_{42}(1+\nu+b_{45}) + b_{44}(1+\sigma)]\}.
\end{aligned} \tag{5.4.13c}
$$

稳定条件是特征方程除零根外只有纯虚根,即

$$a_1 > 0,\ a_2 > 0,\ a_1^2 - 4a_0 a_2 \geqslant 0, \tag{5.4.14}$$

稳定域如图 5.2、5.3 所示. 表明截面的抗弯刚度对稳定域有明显影响.

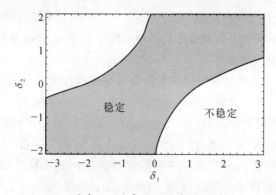

$$\varphi_1 = 0.1, \varphi_2 = 0.2, \sigma = -0.1, \nu = 1.2$$

图 5.2 参数平面$(\boldsymbol{\delta_1}, \boldsymbol{\delta_2})$内的稳定域

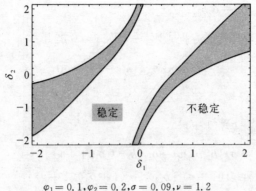

$$\varphi_1 = 0.1, \varphi_2 = 0.2, \sigma = 0.09, \nu = 1.2$$

图 5.3　参数平面(δ_1, δ_2)内的稳定域

5.5　小结

1) Kirchhoff 方程相对固定坐标系、截面主轴坐标系以及中心线 Frenet 坐标系的特解都不是孤立的,而是组成流形. 从特解方程 (5.2.1)、(5.3.1)和(5.4.1)可见,当主矢 $\boldsymbol{F}_s$ 非零时,直杆是它们的唯一交集. 当主矢 $\boldsymbol{F}_s$ 为零而主矩 $\boldsymbol{M}_s$ 非零时,在固定坐标系中的常值特解是"随遇的",即在杆端作用任意的一对平衡力偶的杆都是特解;而在主轴坐标系中还要求满足关系 $\boldsymbol{\omega} \times \boldsymbol{M} = 0$;在 Frenet 坐标系中要求满足关系 $\boldsymbol{\Phi} \times \boldsymbol{M} = 0$.

2) 在固定坐标系中当主矢为零且原始弯扭度分量 $\omega_i^0 \equiv 0$ 时,特解方程等同于无力矩刚体的定点转动方程,此时存在 3 个特解:绕最大或最小刚度主轴的"转动"是稳定的,绕中间刚度主轴的"转动"是不稳定的. 当主矢非零,且原始弯扭度分量 ω_i^0 满足条件(5.2.8b)时,常值特解为直杆,并且压杆一定稳定而拉杆一般不稳定(图 5.1).进一步,当原始曲率为零时,稳定判据为 Greenhill 判据.

3) 只有原始扭率而无原始曲率的圆截面杆相对截面主轴坐标系的特解流形中的每一点在一次近似意义下稳定,因而平衡流形在一次近似意义下稳定.

4）相对 Frenet 坐标系的特解流形是一个 3 维底空间 1 维纤维的丛空间. 对原始曲率分量 $\omega_2^0 = 0$，且 $\chi_s = \pi/2$ 时 X_F 的一个子流形的稳定性数值分析表明，截面的抗弯刚度对稳定性有显著的影响.

5）本文讨论的弹性杆的 Lyapunov 稳定性本质上不同于 Euler 稳定性，因此不可以用 Euler 稳定性的概念去理解 Lyapunov 稳定性.

第六章　受曲面约束的弹性细杆的平衡问题

6.1　引言

　　弹性细杆作为 DNA 等一类生物大分子的力学模型在模拟对象的平衡和稳定性时，一般看作是自由的，即弹性细杆除了端截面和与自身接触外其表面不与外界接触，因而位形不受限制. 更一般的情形是杆的位形受到预先的限制，例如，绕在蛋白质分子上的 DNA 分子，和与井壁有接触的钻杆，海底电缆等等，它们受到是曲面约束. 因此，需要研究曲面约束的几何和力学性质，并建立约束弹性细杆的非线性力学理论.

　　本章讨论曲面上的圆截面弹性细杆静力学. 仍假定杆的变形服从 Kirchhoff 假设. 因此可以用动力学的理论和方法进行研究. 进一步假定：

　　1) 约束曲面是刚性的和双面的；

　　2) 忽略约束力对杆截面形状的影响；

　　3) 不计摩擦和约束力对杆截面形状的影响；

　　4) 截面的边界上有且只有一点与约束曲面接触.

　　在分析约束、约束方程和约束力的基础上建立受曲面约束的圆截面弹性细杆的平衡微分方程，即曲面上的 Kirchhoff 方程. 作为应用，讨论了约束是圆柱面的情形，导出方程的螺旋杆特解. 最后进行了数值模拟，作出了杆中心线在不同起始条件下的 3 维几何图象.

6.2　曲面上圆截面弹性细杆的平衡微分方程

　　研究长为 l 的圆截面自由弹性细杆. 建立惯性参考系 $O\text{-}\xi\eta\zeta$，沿

O-$\xi\eta\zeta$ 坐标轴的单位基矢量为 e_ξ, e_η, e_ζ, 杆的中心线矢径为 $r = \xi(s)e_\xi + \eta(s)e_\eta + \zeta(s)e_\zeta$, 其中 s 为杆的中心线弧坐标. 在中心线 p 处建立与截面固连的形心主轴坐标系 p-xyz, 沿 p-xyz 坐标轴的单位基矢量为 $e_1(s), e_2(s), e_3(s)$, 其中 $e_3 = \dot{r}$ 为中心线的单位切矢, 指向弧坐标增加的方向. 用 Euler 角描述主轴坐标系 p-xyz 相对惯性系 O-$\xi\eta\zeta$ 的姿态, 记 ψ 为进动角, ϑ 为章动角, φ 为自转角. 沿坐标轴 ξ, η, ζ 方向的单位矢量 e_ξ, e_η, e_ζ 和沿截面主轴的单位基矢量 e_1, e_2, e_3 的关系可用 Euler 角的三角函数表示为:

$$\begin{Bmatrix} e_\xi \\ e_\eta \\ e_\zeta \end{Bmatrix} = Q \begin{Bmatrix} e_1 \\ e_2 \\ e_3 \end{Bmatrix},$$

$$Q = \begin{bmatrix} c\psi c\varphi - c\vartheta s\psi s\varphi & -c\vartheta s\psi c\varphi - c\psi s\varphi & s\psi s\vartheta \\ c\psi s\psi + c\varphi c\vartheta s\varphi & -s\psi s\psi + c\psi c\vartheta c\varphi & -c\psi s\vartheta \\ s\vartheta s\varphi & s\vartheta c\varphi & c\vartheta \end{bmatrix}, \quad (6.2.1)$$

其中 c 和 s 为 cos 和 sin 的缩写, 变换矩阵是单位正交矩阵. 由式(2)导出截面角速度分量的 Euler 角表示式:

$$\begin{Bmatrix} \omega_1 \\ \omega_2 \\ \omega_3 \end{Bmatrix} = \begin{Bmatrix} \dot{\vartheta}\cos\varphi + \dot{\psi}\sin\vartheta\sin\varphi \\ -\dot{\vartheta}\sin\varphi + \dot{\psi}\cos\varphi\sin\vartheta \\ \dot{\varphi} + \dot{\psi}\cos\vartheta \end{Bmatrix}; \quad (6.2.2)$$

由 $\dot{r} = e_3$ 和式(6.2.1)得到挠性线的 Descartes 坐标 ξ, η, ζ 与 Euler 角的关系:

$$\begin{aligned} \dot{\xi} &= \sin\psi\sin\vartheta; \\ \dot{\eta} &= -\cos\psi\sin\vartheta; \\ \dot{\zeta} &= \cos\vartheta. \end{aligned} \quad (6.2.3)$$

在惯性空间中, 曲面约束由约束方程

$$g(\xi, \eta, \zeta) = 0 \quad (6.2.4)$$

描述,设约束曲面为连续、光滑和双侧的. 弹性细杆受到曲面约束是指在弹性细杆横截面的边界上,有且只有一点与曲面接触. 弹性细杆保持在约束曲面的一侧而排斥穿过或脱离约束曲面的情形. 不计杆与约束曲面间的摩擦和约束力对截面形状的影响,约束力同时与约束曲面和杆的轴线垂直而位于横截面内. 显然,曲面约束是对杆表面上点的位置限制. 由于在描述弹性细杆的位形中,中心线起主要作用,因此,需要建立中心线的坐标与约束方程(6.2.4)的基本关系,并导出对杆的中心线的约束方程.

曲面上的点

$$\boldsymbol{\rho} = \xi_c \boldsymbol{e}_\xi + \eta_c \boldsymbol{e}_\eta + \zeta_c \boldsymbol{e}_\zeta$$

与弹性细杆中心线矢径为

$$\boldsymbol{r} = \xi \boldsymbol{e}_\xi + \eta \boldsymbol{e}_\eta + \zeta \boldsymbol{e}_\zeta$$

的横截面边界上的点相接触,其关系为

$$\boldsymbol{r} = \boldsymbol{\rho} + a\boldsymbol{n}_c. \tag{6.2.5}$$

其中 a 为杆横截面的半径,$\boldsymbol{n}_c$ 为约束曲面在点 $\boldsymbol{\rho}$ 处的单位法矢量. 由式(6.2.5),可用杆中心线的笛卡尔坐标表达约束曲面上点 $\boldsymbol{\rho}$ 的坐标:

$$\xi_c = \xi_c(\xi, \eta, \zeta, an_{c\xi}),$$
$$\eta_c = \eta_c(\xi, \eta, \zeta, an_{c\eta}), \tag{6.2.6}$$
$$\zeta_c = \zeta_c(\xi, \eta, \zeta, an_{c\zeta}),$$

式中 $n_{c\xi}, n_{c\eta}, n_{c\zeta}$ 为 $\boldsymbol{n}_c$ 在 ξ, η, ζ 轴上的投影. 代入式(6.2.4)化作对弹性细杆中心线的约束方程:

$$g(\xi_c(\xi, \eta, \zeta, an_{c\xi}), \eta_c(\xi, \eta, \zeta, an_{c\eta}), \zeta_c(\xi, \eta, \zeta, an_{c\zeta})) = 0. \tag{6.2.7}$$

此外,从式(6.2.5)导出如下约束方程:

$$\boldsymbol{e}_3 \cdot \boldsymbol{n}_c = 0, \tag{6.2.8}$$

即杆横截面的法矢量必须与约束曲面在接触点的法矢量垂直. 式 (6.2.4) 和 (6.2.8) 组成对弹性细杆横截面的"定常几何约束". 因此,受曲面约束的弹性细杆横截面的位形需要 4 个坐标确定.

约束曲面对弹性细杆的约束力为沿接触线的分布力

$$f = \lambda n_c, \tag{6.2.9}$$

其中 λ 为不定乘子, n_c 为约束曲面上点 ρ 的法矢量 (不必为单位的):

$$n_c = \frac{\partial g}{\partial \xi_c} e_\xi + \frac{\partial g}{\partial \eta_c} e_\eta + \frac{\partial g}{\partial \zeta_c} e_\zeta.$$

设弹性细杆位于法矢量所指的一侧. 借助式 (6.2.1), 分布约束力 f 可写成用 Euler 角表示的主轴坐标系中的分量形式.

$$f = \lambda \left(\frac{\partial g}{\partial \xi_c} \quad \frac{\partial g}{\partial \eta_c} \quad \frac{\partial g}{\partial \zeta_c} \right) Q \begin{bmatrix} e_1 \\ e_2 \\ e_3 \end{bmatrix}, \tag{6.2.10}$$

并满足 $f \cdot e_3 = 0$. 如果约束是单面的, 即杆不仅可以在约束面上也可以脱离约束面, 但不可以进入或穿越约束面. 横截面在 s 处受到约束的条件是

$$\lambda = f \cdot n_c \geqslant 0, \tag{6.2.11a}$$

或

$$\lambda = f \cdot n_c \leqslant 0, \tag{6.2.11b}$$

式中等号是临界情形.

曲面上圆截面弹性细杆中弧坐标为 s 和 $s + \Delta s$ 的微元当 $\Delta s \to 0$ 时的力平衡微分方程, 即曲面上的 Kirchhoff 方程为:

$$\frac{d F}{d s} + \omega \times F + f = 0, \tag{6.2.12a}$$

$$\frac{\tilde{\mathrm{d}}\boldsymbol{M}}{\mathrm{d}s} + \boldsymbol{\omega} \times \boldsymbol{M} + \boldsymbol{e}_3 \times \boldsymbol{F} = 0, \tag{6.2.12b}$$

其中 $\boldsymbol{F}$、$\boldsymbol{M}$ 为 s^+ 截面上内力在形心处的主矢和主矩,符号 $\sim$ 表示相对主轴坐标系的导数,$\boldsymbol{f}$ 为约束曲面对杆的线分布约束力,由式(6.2.9)定义.线性本构关系用沿主轴的分量表示为

$$\begin{aligned}
M_1 &= A(\omega_1 - \omega_1^0), \\
M_2 &= B(\omega_2 - \omega_2^0), \\
M_3 &= C(\omega_3 - \omega_3^0).
\end{aligned} \tag{6.2.13}$$

式中 $\omega_i^0 = \omega_i^0(s)$,$(i = 1, 2, 3)$ 为给定的杆在无力作用(包括主动力和约束力)状态下已存在的弯扭度分量,称为原始弯扭度分量;A, B 为截面绕主轴 x, y 的抗弯刚度,可表为 $A = EI_1$,$B = EI_2$;C 为截面绕主轴 z 的抗扭刚度,在圆截面情形下可表为 $C = GI_3$,其中 E 为材料的杨氏弹性模量,G 为剪切弹性模量,I_1, I_2, I_3 分别为截面对主轴 x, y 的惯性矩和对形心的极惯性矩.

弹性细杆的平衡微分方程(6.2.12)、本构方程(6.2.13)、变形几何方程(6.2.2)和(6.2.3)、约束方程(6.2.7)和(6.2.8)以及约束力表达式(6.2.10)组成封闭的微分/代数方程组,可解决起始值或边值问题.

6.3 受圆柱面约束的弹性细杆的平衡问题及其数值模拟

设弹性细杆受到圆柱面约束,约束方程为

$$g = \xi_c^2 + \eta_c^2 - b^2 = 0, \tag{6.3.1}$$

其中 b 为实数.其等价形式为

$$\xi_c = b \cos \phi,$$

$$\eta_c = b\sin\phi, \quad (0 \leqslant \phi \leqslant 2\pi) \tag{6.3.2}$$

用惯性空间 $O\text{-}\xi\eta\zeta$ 中的直角坐标 ξ,η,ζ 表示截面形心位置，用 Euler 角 ψ,ϑ,φ 表示截面的姿态. 约束方程(6.2.7)和(6.2.8)成为

$$g = \xi^2 + \eta^2 - (a+b)^2 = 0, \tag{6.3.3}$$

$$\xi\sin\psi - \eta\cos\psi = 0. \tag{6.3.4}$$

所以横截面的位置需要 4 个坐标确定. 约束方程等价于

$$\begin{aligned} \xi &= (a+b)\cos\phi, \\ \eta &= (a+b)\sin\phi, \\ \sin(\phi-\psi) &= 0, \end{aligned} \tag{6.3.5}$$

即

$$\phi = \psi. \tag{6.3.6}$$

选 $\zeta,\psi,\vartheta,\varphi$ 为广义坐标. 由式(6.2.3)、(6.3.5)和(6.3.6)导出：

$$\dot\phi = \dot\psi = \frac{\sin\vartheta}{a+b}, \tag{6.3.7}$$

由式(6.2.7)，约束力在主轴上的投影化作

$$\begin{aligned} f_1 &= 2b\lambda\cos\varphi, \\ f_2 &= -2b\lambda\sin\varphi, \\ f_3 &= 0. \end{aligned} \tag{6.3.8}$$

由平衡微分方程(6.2.12)、本构方程(6.2.13)、变形几何方程(6.2.2)和(6.2.3)、约束方程(6.2.7)和(6.2.8)以及约束力表达式(6.2.10)可导出用 Euler 角表示的平衡微分方程.

定义弧坐标 s 与 $1/(a+b)$，主矢分量 $F_i,(i=1,2,3)$ 与 $(a+b)^2/A$ 的乘积为无量纲弧坐标和无量纲主矢分量，仍记为 s 和 $F_i,(i=1,2,3)$. 平衡微分方程化作以下无量纲形式：

$$\dot{F}_1 = \frac{1}{4}(5 + 2\sigma - \cos 2\varphi)F_1 \sin 2\vartheta \cot \varphi - \frac{1}{2}F_2 \sin 2\vartheta \sin^2 \varphi +$$

$$\frac{\sigma(2+\sigma)}{4}\sin^2 \vartheta \sin 2\vartheta \cos \varphi + 3\dot{\vartheta}^2 \cos 2\vartheta \cos \varphi +$$

$$[(1 - \sigma + \cos^2 \varphi)F_1 \cot \varphi + F_2 \sin^2 \varphi +$$

$$(1 - \sigma^2)\sin^2 \vartheta \sin 2\vartheta \cos \varphi]\dot{\varphi} +$$

$$(1 - \sigma)^2 \dot{\varphi}^2 \sin^2 \vartheta \cos \varphi - \vartheta \left\{ \left[\frac{(2+\sigma)}{2}\sin 2\vartheta + \right. \right.$$

$$(3 - 2\sigma)\dot{\varphi} \left] \frac{(2+\sigma)}{2}\sin 2\vartheta \cos \varphi \cot \varphi - F_3 \sin \varphi + \right.$$

$$(1 - \sigma)(2 - \sigma)\dot{\varphi}^2 \cos \varphi \cot \varphi \right\}, \tag{6.3.9a}$$

$$\dot{F}_2 = \sin \varphi \left\{ \left[\frac{-3 - 2\sigma + \cos 2\varphi}{4}F_1 - \frac{1}{2}F_2 \sin 2\varphi - \right. \right.$$

$$\sigma(2+\sigma)\sin^2 \vartheta \sin 2\vartheta \left] \sin 2\vartheta + \right.$$

$$3\dot{\vartheta}^2 \cos 2\vartheta \right\} + \left[-\frac{5 - 2\sigma + \cos 2\varphi}{2}F_1 + \frac{1}{2}F_2 \sin 2\varphi - \right.$$

$$(1 - \sigma^2)\sin^2 \vartheta \sin 2\vartheta \sin \varphi \right]\dot{\varphi} - (1 - \sigma)^2 \dot{\varphi}^2 \sin^2 \vartheta \sin \varphi +$$

$$\vartheta \cos \varphi \left\{ F_3 + (2+\sigma)\sin 2\vartheta \left[\frac{2+\sigma}{4}\sin 2\vartheta + \frac{(3 - 2\sigma)}{2}\dot{\varphi} \right] + \right.$$

$$(1 - \sigma)(2 - \sigma)\dot{\varphi}^2 \right\}, \tag{6.3.9b}$$

$$\dot{F}_3 = -\sin^2 \vartheta \cos \varphi F_1 + \sin^2 \vartheta \sin \varphi F_2 -$$

$$\sin \varphi F_1 \dot{\vartheta} - \cos \varphi F_2 \dot{\vartheta}, \tag{6.3.9c}$$

$$\dot{\psi} = -\sin \vartheta; \tag{6.3.9d}$$

$$\vartheta = \frac{1}{\sin \varphi}F_1 + \sin^2 \vartheta \left[\frac{\sigma}{2}\sin 2\vartheta + (1 - \sigma)\dot{\varphi} \right] -$$

$$\vartheta \cot \varphi \left[\frac{2+\sigma}{2} \sin 2\vartheta + (1-\sigma)\dot{\varphi} \right], \quad (6.3.9e)$$

$$\dot{\varphi} = \frac{1}{2}(\sin 2\vartheta - \sin 2\vartheta_0). \quad (6.3.9f)$$

从式(6.3.9)开始,变量上的点号表示对无量纲弧坐标的导数;无量纲参数 σ 定义为 $\sigma = 1 - A/C$. 式(6.3.9)中的变量还存在以下关系:

$$F_2 = F_1 \cot \varphi - \frac{\vartheta}{\sin \varphi}\left[\frac{2+\sigma}{2} \sin 2\vartheta + (1-\sigma)\dot{\varphi} \right], \quad (6.3.10)$$

无量纲 Lagrange 乘子定义为: $\mu = b(a+b)^3\lambda/A$, 化作

$$\mu = -\frac{1}{4}\frac{\sin 2\vartheta}{\sin \varphi}F_1 + \frac{1}{2}\sin^2\vartheta F_3 + \frac{1}{2\sin \varphi}(\dot{F}_2 - \vartheta F_3 \cos \varphi + \dot{\varphi}F_1).$$

$$(6.3.11)$$

将中心线的笛卡尔坐标与 $1/(a+b)$ 相乘,化作无量纲坐标,仍记为 ξ, η, ζ, 其对无量纲弧坐标的导数保持式(6.2.3)的形式. 以上表明 σ 是影响无量纲方程的唯一物理参数.

考虑 $\dot{F}_1 = \dot{F}_2 = \dot{F}_3 = 0$, 且 $\dot{\vartheta} \equiv 0$ 时的特解. 从式(6.3.9)导出 Euler 角随弧坐标的变化规律:

$$\psi_s = -s \cdot \sin \vartheta_0, \quad \vartheta_s = \vartheta_0, \quad \varphi_s = \dot{\varphi}_0 s, \quad (6.3.12)$$

式中 ϑ_0 和 $\dot{\varphi}_0$ 分别为起始值,满足关系

$$\dot{\varphi}_0 = 0,$$

或

$$\dot{\varphi}_0 = -\frac{\sigma \sin 2\vartheta_0}{2(1-\sigma)}. \quad (6.3.13)$$

对应的截面主矢有两组解

1) $F_{1s} = 0$, $F_{2s} = -\sigma \sin^3\vartheta_0 \cos \vartheta_0$, $F_{3s} = F_{30}$,

2) $F_{1s} = 0$, $F_{2s} = 0$, $F_{3s} = F_{30}$,

将弯扭度与 $(a+b)$ 的乘积定义为无量纲化弯扭度,仍记为 ω_i:

$$\omega_{s1} = -\sin^2 \vartheta_0 \sin(\dot{\varphi}_0 s), \qquad (6.3.14a)$$

$$\omega_{s2} = -\sin^2 \vartheta_0 \cos(\dot{\varphi}_0 s), \qquad (6.3.14b)$$

$$\omega_{s3} = -\sin \vartheta_0 \cos \vartheta_0 + \dot{\varphi}_0, \qquad (6.3.14c)$$

无量纲化主矩 m_i 定义为 $m_i = M_i / A(a+b)$,于是有 $m_i = \omega_i (i=1,2,3)$.
积分式(6.2.3),导出绕性线的无量纲方程

$$\xi = \cos(s \sin \vartheta_0),$$

$$\eta = -\sin(s \sin \vartheta_0), \qquad (6.3.15)$$

$$\zeta = s \cos \vartheta_0.$$

式中假定起始点为 $(1,0,0)$. 此特解给出的杆的中心线形态为绕约束
柱面的螺旋线,螺旋角为 $\pi/2 - \vartheta_0$,螺距为 $2\pi(a+b) \cot \vartheta_0$. 特殊地,
$\vartheta_0 = 0$ 为直杆解,杆中心线与约束柱面的母线平行; $\vartheta_0 = \pi/2$ 为圆环
解,杆中心线组成的圆环平面与约束柱面的母线垂直. 无量纲绕性线
的曲率 κ 和挠率 τ 以及主轴坐标系相对 Frenet 坐标系的转角 χ 为:

$$\kappa = \sin^2 \vartheta_0,$$

$$\tau = \frac{1}{2} \sin 2\vartheta_0, \qquad (6.3.16)$$

$$\dot{\chi} = \dot{\varphi}_0,$$

无量纲 Lagrange 乘子为:

$$\mu_s = \frac{1}{2} F_{30} \sin^2 \vartheta_0, \qquad (6.3.17)$$

如果圆柱面约束是单向的,式(6.3.8)要求 $\lambda_s \geqslant 0$. 所以杆处在约束柱
面上的条件是: $F_{30} \geqslant 0$.

受圆柱面约束的弹性杆静力学也可作"Kirchhoff 动力学比拟"：螺旋杆特解对应于轴对称刚体的自由规则进动. 当截面以单位速度沿中心线运动时，其姿态运动是以不变的章动角 ϑ_0 绕 ξ 轴匀速进动，同时绕中心线匀速自旋. 自旋角速度 $\dot{\varphi}$ 与进动角速度 $\dot{\psi}$ 的比值为

$$\frac{\dot{\varphi}}{\dot{\psi}} = \frac{\sigma\cos\vartheta_0}{1-\sigma}. \tag{6.3.18}$$

设 $0 \leqslant \vartheta_0 \leqslant \pi/2$，当 $\sigma < 1$ 时，$\dot{\varphi}$ 与 $\dot{\psi}$ 同号，为正进动；当 $\sigma > 1$ 时，$\dot{\varphi}$ 与 $\dot{\psi}$ 异号，为逆进动；当 $\sigma = 0$ 时，$\dot{\varphi}$ 为零，即截面主轴坐标系相对中心线 Frenet 坐标系保持静止.

除了螺旋杆特解外，数值计算表明，受圆柱面约束的弹性细杆平衡微分方程(6.3.9)的解一般具有复杂的几何形态. 图 6.1～6.6 是在不同起始值下的弹性细杆中心线的 3 维数值模拟图. 与物理参数 σ 相比，主矢和 Euler 角及其导数的起始值对中心线的形状具有较大的影响. 截面相对 Frenet 坐标系的扭转在图中没有反映.

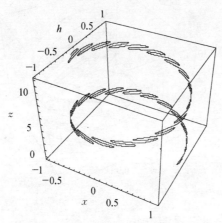

$$\sigma = 0.2, \psi = 0, \vartheta_0 = \frac{\pi}{3}, \varphi_0 = -0.1, \dot{\vartheta}_0 = 0.5, \dot{\varphi}_0 = 0.5, F_{10} = 3, F_{30} = 4$$

图 6.1　弹性细杆中心线的 3 维数值模拟图

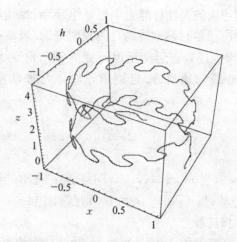

$$\sigma = 0.2, \psi = 0, \vartheta_0 = \frac{\pi}{6}, \varphi_0 = -0.1, \dot{\vartheta}_0 = 0.5, \dot{\varphi}_0 = 0.5, F_{10} = 3, F_{30} = 4$$

图 6.2 弹性细杆中心线的 3 维数值模拟图

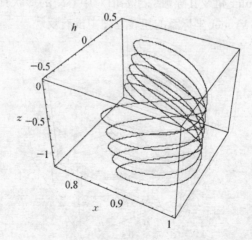

$$\sigma = 0.2, \psi = 0, \vartheta_0 = \frac{\pi}{3}, \varphi_0 = -0.1, \dot{\vartheta}_0 = 0.5, \dot{\varphi}_0 = 0.5, F_{10} = 0, F_{30} = 4$$

图 6.3 弹性细杆中心线的 3 维数值模拟图

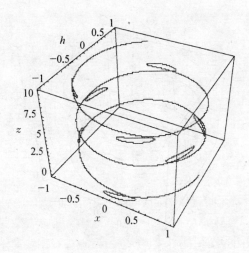

$$\sigma = 0.2, \psi = 0, \vartheta_0 = \frac{\pi}{3}, \varphi_0 = -0.1 \, \dot{\vartheta}_0 = 0, \dot{\varphi}_0 = 0.5, F_{10} = 0, F_{30} = 4$$

图 6.4 弹性细杆中心线的 3 维数值模拟图

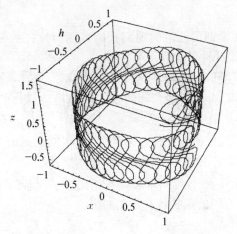

$$\sigma = 0.2, \psi = 0, \vartheta_0 = \frac{\pi}{3}, \varphi_0 = 4, \dot{\vartheta}_0 = 0.5, \dot{\varphi}_0 = 0.5, F_{10} = 3, F_{30} = 4$$

图 6.5 弹性细杆中心线的 3 维数值模拟图

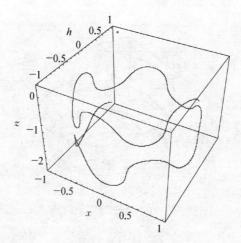

$$\sigma = 0.2, \psi = 0, \vartheta_0 = \frac{\pi}{6}, \varphi_0 = -0.1, \dot{\vartheta}_0 = 0.5, \dot{\varphi}_0 = 0.5, F_{10} = 0, F_{30} = -3$$

图 6.6   弹性细杆中心线的 3 维数值模拟图

6.4   小结

1) 建立了受曲面约束的超细长圆截面弹性杆的平衡微分方程，即曲面上的 Kirchhoff 方程.

2) 讨论了受圆柱面约束时杆的平衡问题，表明抗弯刚度与抗扭刚度的比值是影响无量纲方程的唯一物理参数. 得到了杆处在约束柱面上的条件是轴向受拉.

3) 受圆面约束的弹性杆静力学也可作"Kirchhoff 动力学比拟": 螺旋杆特解对应于轴对称刚体的自由规则进动.

4) 数值计算表明，与物理参数 σ 相比，主矢和 Euler 角及其导数的起始值对中心线的形状具有较大的影响.

第七章　超细长弹性杆动力学及其平衡的 Lyapunov 稳定性

7.1　引言

超细长弹性杆的静力学是建立在 Kirchhoff 理论的基础上,根据 Kirchhoff 动力学比拟,在数学上等同于重刚体陀螺动力学. 已发表的大多数文献多属于静力学范畴,这使得以此为出发点的弹性杆平衡的 Lyapunov 稳定性并不是真正意义上的平衡稳定性,而是静态稳定性. 对于海底电缆和钻杆等工业背景,或 DNA 等生物大分子,平衡只是其运动的特殊形态. 因此,需要研究超细长弹性杆的动力学. 由于时间的参与,杆的动力学方程是一个偏微分方程. 大范围运动和超大变形的耦合造成的困难远甚于静力学.

本章的主要工作是研究超细长弹性杆的运动学和动力学. 首先建立截面的运动和变形的基本方程,并根据质心运动定理和相对质心的动量矩定理导出杆的动力学方程,这既是刚体动力学对弹性杆的推广,也是静力学对动力学的推广;其次,给出了杆的 Lyapunov 动态稳定性的定义和一次近似方法,这是双自变量离散系统的稳定性问题;最后作为应用,用本文提出的一次近似方法讨论了直杆平衡的 Lyapunov 动态稳定性.

7.2　截面运动和变形的几何关系

7.2.1　截面的弯扭度和角速度

研究长为 l 的非圆截面自由弹性细杆. 建立惯性参考系 O-$\xi\eta\zeta$,

沿 $O-\xi\eta\zeta$ 坐标轴的单位基矢量为 e_ξ,e_η,e_ζ,杆的中心线矢径为 $r=\xi(s,t)e_\xi+\eta(s,t)e_\eta+\zeta(s,t)e_\zeta$,其中 s、t 分别为杆的中心线弧坐标和时间变量,满足 $|\partial r/\partial s|=1$. 在中心线 p 处建立与截面固连的形心主轴坐标系 $p\text{-}xyz$,沿 $p\text{-}xyz$ 坐标轴的单位基矢量为 $e_1(s,t),e_2(s,t)$,$e_3(s,t)$,其中 $e_3=\partial r/\partial s$ 为中心线的切矢,指向弧坐标增加的方向. 给定弧坐标 s,存在两个相对的截面,截面的外法矢与弧坐标增加方向一致的截面称为 s 的正截面,记为 s^+,反之称为 s 的负截面,记为 s^-. 定义截面沿中心线"运动"的角速度 $\boldsymbol{\omega}$(称为弯扭度)和随时间变化的角速度 $\boldsymbol{\Omega}$ 为

$$\frac{\partial e}{\partial s}=\boldsymbol{\omega}\times e,\quad \frac{\partial e}{\partial t}=\boldsymbol{\Omega}\times e, \tag{7.2.1}$$

其中 e 为主轴坐标系 $p\text{-}xyz$ 中的固定矢量. 因此,可用 $p\text{-}xyz$ 坐标轴的单位基矢量表示为

$$\boldsymbol{\omega}(s,t)=\left(\frac{\partial e_2}{\partial s}\cdot e_3\right)e_1+\left(\frac{\partial e_3}{\partial s}\cdot e_1\right)e_2+\left(\frac{\partial e_1}{\partial s}\cdot e_2\right)e_3,$$
$$\tag{7.2.2}$$

$$\boldsymbol{\Omega}(s,t)=\left(\frac{\partial e_2}{\partial t}\cdot e_3\right)e_1+\left(\frac{\partial e_3}{\partial t}\cdot e_1\right)e_2+\left(\frac{\partial e_1}{\partial t}\cdot e_2\right)e_3,$$
$$\tag{7.2.3}$$

对式(7.2.1)计算混合偏导数,

$$\frac{\partial^2 e}{\partial t\partial s}=\frac{\partial\boldsymbol{\omega}}{\partial t}\times e+\boldsymbol{\omega}\times(\boldsymbol{\Omega}\times e),$$

$$\frac{\partial^2 e}{\partial s\partial t}=\frac{\partial\boldsymbol{\Omega}}{\partial s}\times e+\boldsymbol{\Omega}\times(\boldsymbol{\omega}\times e).$$

注意到求导次序可以交换,以及三重矢积恒等式

$$\boldsymbol{\omega}\times(\boldsymbol{\Omega}\times e)+\boldsymbol{\Omega}\times(e\times\boldsymbol{\omega})+e\times(\boldsymbol{\omega}\times\boldsymbol{\Omega})=0, \tag{7.2.4}$$

导出同一截面上的弯扭度和角速度之间的微分关系

$$\frac{\partial \boldsymbol{\omega}}{\partial t} - \frac{\partial \boldsymbol{\Omega}}{\partial s} + \boldsymbol{\omega} \times \boldsymbol{\Omega} = 0, \qquad (7.2.5)$$

或

$$\frac{\tilde{\partial} \boldsymbol{\omega}}{\partial t} - \frac{\tilde{\partial} \boldsymbol{\Omega}}{\partial s} - \boldsymbol{\omega} \times \boldsymbol{\Omega} = 0, \qquad (7.2.6)$$

式中波浪号表示相对主轴坐标系 p-xyz 的偏导数. 显然,截面角速度 $\boldsymbol{\Omega}$ 与挠性线上点 p 的速度 v 存在如下关系

$$\frac{\partial \boldsymbol{v}}{\partial s} = \boldsymbol{\Omega} \times \boldsymbol{e}_3, \qquad (7.2.7)$$

或

$$\frac{\tilde{\partial} \boldsymbol{v}}{\partial s} + \boldsymbol{\omega} \times \boldsymbol{v} = \boldsymbol{\Omega} \times \boldsymbol{e}_3, \qquad (7.2.8)$$

式中 $v = \partial r/\partial t$. 截面随时间和弧坐标变化的角加速度分别为 $E = \partial \boldsymbol{\Omega}/\partial t, \varepsilon = \partial \boldsymbol{\omega}/\partial t$. 以中心线 p 点的切矢 $\boldsymbol{e}_t = \boldsymbol{e}_t(s,t)$、主法矢 $\boldsymbol{e}_n = \boldsymbol{e}_n(s,t)$ 和副法矢 $\boldsymbol{e}_b = \boldsymbol{e}_b(s,t)$ 建立 Frenet 活动标架 $(\boldsymbol{e}_t, \boldsymbol{e}_n, \boldsymbol{e}_b)$[136],其中 $\boldsymbol{e}_t = \boldsymbol{e}_3, \boldsymbol{e}_b \cdot \boldsymbol{e}_2 = \cos \chi$. 导出关系:

$$\omega_1 = \kappa \sin \chi, \ \omega_2 = \kappa \cos \chi, \ \omega_3 = \tau + \frac{\partial \chi}{\partial s}; \qquad (7.2.9)$$

式中 ω_i 为 ω 沿主轴 $\boldsymbol{e}_i$ 的分量,$\chi = \chi(s,t)$ 为主轴坐标系 p-xyz 相对 Frenet 坐标系 $(\boldsymbol{e}_t, \boldsymbol{e}_n, \boldsymbol{e}_b)$ 的转角,$\kappa = \kappa(s,t)$ 和 $\tau = \tau(s,t)$ 分别为挠性线的曲率和挠率,有

$$\kappa = \left| \frac{\partial^2 \boldsymbol{r}}{\partial s^2} \right|, \qquad (7.2.10)$$

$$\tau = \frac{1}{\kappa} \left(\frac{\partial \boldsymbol{r}}{\partial s}, \frac{\partial^2 \boldsymbol{r}}{\partial s^2}, \frac{\partial^3 \boldsymbol{r}}{\partial s^3} \right), \quad \kappa \neq 0 \qquad (7.2.11)$$

式(7.2.11)是挠性线位置 r 与形状 κ,τ 的几何关系式.

沿坐标轴 ξ,η,ζ 方向的单位向量 e_ξ,e_η,e_ζ 和沿截面主轴的单位基矢量 e_1,e_2,e_3 的关系可用 Euler 角的三角函数表示为:

$$\begin{bmatrix} e_1 \\ e_2 \\ e_3 \end{bmatrix} = Q \begin{bmatrix} e_\xi \\ e_\eta \\ e_\zeta \end{bmatrix}, \tag{7.2.12}$$

$$Q = \begin{bmatrix} \mathrm{c}\psi\mathrm{c}\varphi - \mathrm{c}\vartheta\mathrm{s}\psi\mathrm{s}\varphi & \mathrm{c}\varphi\mathrm{s}\psi + \mathrm{c}\psi\mathrm{c}\vartheta\mathrm{s}\varphi & \mathrm{s}\vartheta\mathrm{s}\varphi \\ -\mathrm{c}\vartheta\mathrm{s}\psi\mathrm{c}\varphi - \mathrm{c}\psi\mathrm{s}\varphi & -\mathrm{s}\varphi\mathrm{s}\psi + \mathrm{c}\psi\mathrm{c}\vartheta\mathrm{c}\varphi & \mathrm{s}\vartheta\mathrm{c}\varphi \\ \mathrm{s}\psi\mathrm{s}\vartheta & -\mathrm{c}\psi\mathrm{s}\vartheta & \mathrm{c}\vartheta \end{bmatrix},$$

其中 c 表示 cos,s 表示 sin,$\psi(s,t),\vartheta(s,t),\varphi(s,t)$ 分别为进动角、章动角和自转角. 变换矩阵是正交矩阵. 由式(7.2.2)、(7.2.3)导出用 Euler 角表示的截面弯扭度和角速度分量:

$$\begin{bmatrix} \omega_1 \\ \omega_2 \\ \omega_3 \end{bmatrix} = \begin{bmatrix} \cos\varphi \dfrac{\partial\vartheta}{\partial s} + \sin\vartheta\sin\varphi \dfrac{\partial\psi}{\partial s} \\ -\sin\varphi \dfrac{\partial\vartheta}{\partial s} + \cos\varphi\sin\vartheta \dfrac{\partial\psi}{\partial s} \\ \dfrac{\partial\varphi}{\partial s} + \cos\vartheta \dfrac{\partial\psi}{\partial s} \end{bmatrix}, \tag{7.2.13}$$

$$\begin{bmatrix} \Omega_1 \\ \Omega_2 \\ \Omega_3 \end{bmatrix} = \begin{bmatrix} \cos\varphi \dfrac{\partial\vartheta}{\partial t} + \sin\vartheta\sin\varphi \dfrac{\partial\psi}{\partial t} \\ -\sin\varphi \dfrac{\partial\vartheta}{\partial t} + \cos\varphi\sin\vartheta \dfrac{\partial\psi}{\partial t} \\ \dfrac{\partial\varphi}{\partial t} + \cos\vartheta \dfrac{\partial\psi}{\partial t} \end{bmatrix}, \tag{7.2.14}$$

由 $\partial r/\partial s = e_3$ 和式(7.2.12)导出挠性线的笛卡尔坐标 ξ,η,ζ 与 Euler 角的关系:

$$\frac{\partial\xi}{\partial s} = \sin\psi\sin\vartheta,$$

$$\frac{\partial \eta}{\partial s} = -\cos \psi \sin \vartheta,$$

$$\frac{\partial \zeta}{\partial s} = \cos \vartheta. \tag{7.2.15}$$

7.2.2 挠性线上任意两点的运动学关系

同一截面上的角速度 Ω 和形心速度 v 等运动学量与弯扭度 ω 和挠性线切矢 e_T 等变形量之间的关系已由 7.2.1 节给出,本节建立挠性线上任意两点 A 和 B 的速度和加速度关系,亦即将刚体运动学的基本方程

$$v_B = v_A + \Omega \times r_{AB}, \tag{7.2.16}$$

$$a_B = a_A + \alpha \times r_{AB} + \Omega \times (\Omega \times r_{AB}), \tag{7.2.17}$$

推广到挠性线.

设挠性线长为 l,且不可伸缩,在惯性系中表为

$$r = r(s, t), \quad (0 \leqslant s \leqslant l; \ t \geqslant 0) \tag{7.2.18}$$

其中 s 为弧坐标,t 为时间. 不矢一般性,讨论挠性线两端点的速度和加速度关系. t 时刻挠性线两端点的位置矢径 $r_A = r_A(0, t)$,$r_B = r_B(l, t)$ 存在如下关系

$$r_B = r_A + \int_0^l e_T \mathrm{d}s, \tag{7.2.19}$$

其中 $e_T(s, t) = \partial r / \partial s$ 为弹性线的切矢. 对式(7.2.19)等号两边计算对时间的偏导数,并注意到 Possion 公式

$$\frac{\partial e_T}{\partial t} = \Omega \times e_T, \tag{7.2.20}$$

其中 Ω 为杆截面的角速度,导出

$$v_B = v_A + \int_0^l (\boldsymbol{\Omega} \times \boldsymbol{e}_T) \mathrm{d}s, \qquad (7.2.21)$$

式中 $v_A = \partial \boldsymbol{r}_A / \partial t, v_B = \partial \boldsymbol{r}_B / \partial t$ 分别为两端点的速度. 式(7.2.21)即为挠性线上任意两点的速度关系,它表明给定了 A 点的速度后,其它点的速度由截面的角速度和挠性线的单位切矢决定. 对于刚性线,角速度与弧坐标无关,即 $\partial \boldsymbol{\Omega} / \partial s = 0$,因而可以提到积分号外面,再由式(7.2.19),导出式(7.2.16).

将式(7.2.21)等号两边再对时间求偏导数,导出

$$\boldsymbol{a}_B = \boldsymbol{a}_A + \int_0^l \left(\frac{\partial \boldsymbol{\Omega}}{\partial t} \times \boldsymbol{e}_T + \boldsymbol{\Omega} \times \frac{\partial \boldsymbol{e}_T}{\partial t} \right) \mathrm{d}s, \qquad (7.2.22)$$

其中 $\boldsymbol{a}_A = \partial \boldsymbol{v}_A / \partial t$, $\boldsymbol{a}_B = \partial \boldsymbol{v}_B / \partial t$ 分别为端点的加速度. 注意到截面角加速度 α 的定义和式(7.2.20),式(7.2.22)化作

$$\boldsymbol{a}_B = \boldsymbol{a}_A + \int_0^l [\alpha \times \boldsymbol{e}_T + \boldsymbol{\Omega} \times (\boldsymbol{\Omega} \times \boldsymbol{e}_T)] \mathrm{d}s, \qquad (7.2.23)$$

式(7.2.23)即为挠性线上任意两点的加速度关系,它表明给定了 A 点的加速度后,其它点的加速度由截面的角速度、角加速度和挠性线的单位切矢决定. 对于刚性线,角加速度也与弧坐标无关,即 $\partial \alpha / \partial s = 0$,因而也可以提到积分号外面,再由式(7.2.19),于是导出式(7.2.17).

7.3 超细长弹性杆的动力学方程

作为 DNA 超螺旋的力学模型,除了 Kirchhoff 假定即平面截面假定外,对超细长弹性杆再作以下假定:

1) 杆为连续、均匀和各向同性,应力和应变服从虎克定律;

2) 杆的长度和曲率半径远大于截面的横向尺度,因此可近似用直杆公式;

3) 变形前和变形后杆的中心线均为光滑曲线;

4）忽略杆的轴向和横向尺度的变化；

5）忽略杆自身接触力对位形的影响.

在此假定下，我们讨论的弹性细杆的运动和变形为物理线性，几何非线性. 称弹性细杆在无力作用时的状态为原始状态，在初始时刻的状态称为初始状态，挠性线上作为弧坐标开始的一点称为起始点.

取弹性杆的横截面为 s^- 和 $(s+\Delta s)^+$ 的微段为对象，根据质心运动定理和相对质心的动量矩定理建立动力学方程. 设在 t 时刻，微段两端面上的内力主矢和主矩，以及截面的弯扭度见表 7.1：

表 7.1 t 时刻微元段两端面上的内力主矢和主矩以及弯扭度

截　面	主　矢	主　矩	弯　扭　度
s^-	$-\boldsymbol{F}(s,t)$	$-\boldsymbol{M}(s,t)$	$\boldsymbol{\omega}(s,t)$
$(s+\Delta s)^+$	$\boldsymbol{F}(s+ds,t)$ $=\boldsymbol{F}+\dfrac{\partial \boldsymbol{F}}{\partial s}\Delta s$	$\boldsymbol{M}(s+\Delta s,t)$ $=\boldsymbol{M}+\dfrac{\partial \boldsymbol{M}}{\partial s}\Delta s$	$\boldsymbol{\omega}(s+\Delta s,t)$ $=\boldsymbol{\omega}+\dfrac{\partial \boldsymbol{\omega}}{\partial s}\Delta s$

略去二阶微量，微段质心的动量 $\Delta \boldsymbol{K}_c$ 和相对质心的动量矩 $\Delta \boldsymbol{L}_c$ 分别可以用 p 点的速度 $\boldsymbol{v}$ 和 p 截面的角速度 $\boldsymbol{\Omega}$ 表示：

$$\Delta \boldsymbol{K}_c = \Delta m \boldsymbol{v}; \tag{7.3.1a}$$

$$\Delta \boldsymbol{L}_c = \Delta \boldsymbol{J} \cdot \boldsymbol{\Omega}, \tag{7.3.1b}$$

式中：$\Delta m = \rho A_s \Delta s$ 为微段的质量，ρ 为密度；A_s 为横截面面积；$\Delta \boldsymbol{J} = \sum\limits_{i=1}^{3} \Delta J_i \boldsymbol{e}_i \boldsymbol{e}_i$ 为微段对 s^- 截面形心 p 的惯量并矢，$\Delta J_i (i=1,2,3)$ 分别为微段对主轴 $p-x,-y,-z$ 的转动惯量. 定义截面对主轴的惯性矩 I_1 和 I_2 以及极惯性矩 I_3，则 $\Delta J_i = \rho I_i \Delta s$，并有 $\lim\limits_{\Delta s \to 0} \Delta J_i / \Delta s = \rho I_i$，$(i=1,2,3)$. 导出

$$\frac{\partial \boldsymbol{J}}{\partial s} = \rho \boldsymbol{I} \tag{7.3.2}$$

式中 $I = \sum\limits_{i=1}^{3} I_i e_i e_i$. 由质心运动定理和相对质心的动量矩定理建立微段的动力学方程：

$$-F(s,t) + F(s+\mathrm{d}s,t) + f\Delta s = \frac{\partial}{\partial t}(\Delta K); \qquad (7.3.3a)$$

$$-M(s,t) + M(s+\mathrm{d}s,t) + \Delta r \times F(s+\mathrm{d}s,t) = \frac{\partial}{\partial t}(\Delta L),$$

$$(7.3.3b)$$

式中 $f = f(r,t)$ 为沿中心线分布的场力. 将 Δs 去除上式, 并令 $\Delta s \to 0$, 式(7.3.3)化作:

$$\frac{\partial F}{\partial s} + f = \rho A_s \frac{\partial v}{\partial t}; \qquad (7.3.4a)$$

$$\frac{\partial M}{\partial s} + e_3 \times F = \rho \frac{\partial}{\partial t}(I \cdot \Omega), \qquad (7.3.4b)$$

式中的偏导是在惯性参考系 $O\text{-}\xi\eta\zeta$ 中进行, 也可改在主轴坐标系 $p\text{-}xyz$ 中进行:

$$\frac{\tilde{\partial} F}{\partial s} + \omega \times F + f = \rho A_s \left(\frac{\tilde{\partial} v}{\partial t} + \Omega \times v \right); \qquad (7.3.5a)$$

$$\frac{\tilde{\partial} M}{\partial s} + \omega \times M + e_3 \times F = \rho \left[\frac{\tilde{\partial}}{\partial t}(I \cdot \Omega) + \Omega \times (I \cdot \Omega) \right].$$

$$(7.3.5b)$$

将式(7.3.5)向截面主轴 x,y,z 投影, 得

$$\frac{\partial F_1}{\partial s} + \omega_2 F_3 - \omega_3 F_2 + f_1 = \rho A_s \left(\frac{\partial v_1}{\partial t} + v_3 \Omega_2 - v_2 \Omega_3 \right); \qquad (7.3.6a)$$

$$\frac{\partial F_2}{\partial s} + \omega_3 F_1 - \omega_1 F_3 + f_2 = \rho A_s \left(\frac{\partial v_2}{\partial t} + v_1 \Omega_3 - v_3 \Omega_1 \right); \qquad (7.3.6b)$$

$$\frac{\partial F_3}{\partial s} + \omega_1 F_2 - \omega_2 F_1 + f_3 = \rho A_s \left(\frac{\partial v_3}{\partial t} + v_2 \Omega_1 - v_1 \Omega_2 \right); \quad (7.3.6c)$$

$$\frac{\partial M_1}{\partial s} + \omega_2 M_3 - \omega_3 M_2 - F_2 = \rho \left[I_1 \frac{\partial \Omega_1}{\partial t} + (I_3 - I_2) \Omega_3 \Omega_2 \right]; \quad (7.3.6d)$$

$$\frac{\partial M_2}{\partial s} + \omega_3 M_1 - \omega_1 M_3 + F_1 = \rho \left[I_2 \frac{\partial \Omega_2}{\partial t} + (I_1 - I_3) \Omega_1 \Omega_3 \right]; \quad (7.3.6e)$$

$$\frac{\partial M_3}{\partial s} + \omega_1 M_2 - \omega_2 M_1 = \rho \left[I_3 \frac{\partial \Omega_3}{\partial t} + (I_2 - I_1) \Omega_2 \Omega_1 \right]; \quad (7.3.6f)$$

式中 f_1, f_2, f_3 为场力沿主轴 e_i 的分量.

实验表明,DNA 超螺旋的本构关系具有线性特征,因此设弹性杆服从 Hook 定律,截面主矩和弯扭度沿主轴的分量 M_i 和 ω_i 的关系为:

$$M_1 = A(\omega_1 - \omega_1^0),$$
$$M_2 = B(\omega_2 - \omega_2^0), \quad (7.3.7)$$
$$M_3 = C(\omega_3 - \omega_3^0),$$

式中 $\omega_i^0 = \omega_i^0(s)$, $(i=1,2,3)$ 为给定的杆在无力作用状态下已存在的截面弧坐标角速度分量,称为原始弯扭度分量;A, B 为截面绕主轴 x, y 的抗弯刚度,可表为 $A = EI_1, B = EI_2, C$ 为截面绕主轴 z 的抗扭刚度,在圆截面情形下可表为 $C = GI_3$,其中 E 为材料的杨氏弹性模量,G 为剪切弹性模量. 将式(7.3.7)代入(7.3.6)导出关于 $\Omega_i \omega_i$ 和 F_i 的偏微分方程组,与式(7.2.6)联立,组成弹性杆的动力学方程. 由于场力 f_i 与截面的姿态有关,因此,还须化作关于 Euler 角的 2 阶、关于 F_i 的 1 阶偏微分方程组.

一个特殊情形是杆处于平衡状态,即 $\Omega \equiv 0$,动力学方程中所有的量对时间的偏导数为零,式(7.3.6)成为平衡微分方程,即 Kirchhoff方程. 借助式(7.2.9)和复刚度或复柔度概念,在第四章已经建立与孤立子理论中的 Schrödinger 方程形式相同的平衡微分方

程,并导出了用挠性线的曲率、挠率和截面相对 Frenet 坐标系转角的
平衡微分方程.

一个极端情形是刚性直杆,即式(7.3.6)中的刚度系数 A、B、C 趋
于无穷大,截面的弯扭度为原始弯扭度 $\omega = \omega^0$ 主矩为零 $\boldsymbol{M} = 0$,式
(7.3.6)化为刚体动力学的 Euler 方程.

第二章讨论了静力学的 Kirchhoff 方程的定解条件,下面讨论动
力学方程的定解条件. 式(7.3.6)是关于 6 个力变量 F_i,M_i、9 个运动
和变形几何量 Ω_i,ω_i,v_i($i = 1,2,3$) 的 6 个偏微分标量方程、加上 3 个
本构方程以及 6 个运动几何方程(7.2.6),(7.2.8),组成封闭的偏微
分方程组. 实际计算时可使用广义坐标,例如欧拉角. 独立变量是描
述截面位形的形心和姿态各 3 个坐标(2×3 阶)以及主矢的 3 个分量
(1×3 阶).

初始条件(3×5 个):

$$\boldsymbol{r}(s,t)\,|_{t=0} = \boldsymbol{r}(s,0), \qquad q_i(s,t)\,|_{t=0} = q_i(s,0),$$

$$\boldsymbol{v}(s,t)\,|_{t=0} = \boldsymbol{v}(s,0), \qquad \dot{q}_i(s,t)\,|_{t=0} = \dot{q}_i(s,0),$$

$$\boldsymbol{F}(s,t)\,|_{t=0} = \boldsymbol{F}(s,0); \tag{7.3.8}$$

边界条件(3×10 个):

$$\boldsymbol{r}(s,t)\,|_{s=0} = \boldsymbol{r}(0,t); \qquad q_i(s,t)\,|_{s=0} = q_i(0,t);$$

$$\boldsymbol{v}(s,t)\,|_{s=0} = \boldsymbol{v}(0,t); \qquad \dot{q}_i(s,t)\,|_{s=0} = \dot{q}_i(0,t);$$

$$\boldsymbol{r}(s,t)\,|_{s=l} = \boldsymbol{r}(l,t); \qquad q_i(s,t)\,|_{s=l} = q_i(l,t);$$

$$\boldsymbol{v}(s,t)\,|_{s=l} = \boldsymbol{v}(l,t); \qquad \dot{q}_i(s,t)\,|_{s=l} = \dot{q}_i(l,t);$$

$$\boldsymbol{F}(s,t)\,|_{s=0} = \boldsymbol{F}(0,t); \qquad \boldsymbol{F}(s,t)\,|_{s=l} = \boldsymbol{F}(l,t). \tag{7.3.9}$$

其中 q_i($i = 1,2,3$) 为 3 个姿态坐标. 上述 15 个矢量方程等价于 45
个标量方程,可以选定其中的 15 个作为方程的定解条件. 按条件的性
质分为初值问题、边值为题和混合问题等.

7.4 双重自变量离散系统的稳定性基本概念及其一次近似方法

将上述变量 $F_i, M_i, \Omega_i, v_i (i=1,2,3)$ 定义为弹性杆的状态变量 $y \in \mathbf{R}^{12}$. 弹性杆的动力学方程是以 s 和 t 为自变量的偏微分方程组, 分别以右上角的撇号和顶部的点号表示相对弧坐标 s 和时间 t 的偏微分, 其一般形式为[22]

$$y' = Y(\dot{y}, y, s, t). \tag{7.4.1}$$

弹性杆的平衡状态, 即未扰状态 $y_s(s,t)$, 为动力学方程 (7.4.1) 中当 $\dot{y} \equiv 0$ 时的特解, 满足静平衡方程:

$$y_s' = Y(0, y_s, s, t). \tag{7.4.2}$$

当状态变量在杆中心线上的起始点 $s = s_0$ 及初始时刻 $t = t_0$ 的值 $y(s_0, t_0)$ 偏离未扰状态时, 方程 (7.4.1) 的解 $y(s,t)$ 为杆的受扰状态. 扰动 $x(s, t) = y(s, t) - y_s(s, t)$ 为受扰状态与未扰状态之差, 满足扰动方程:

$$x' = X(\dot{x}, x, s, t). \tag{7.4.3}$$

弹性杆的未扰状态与扰动方程的零解 $x(s) \equiv 0$ 完全等价. 扰动在 $s = s_0$ 及 $t = t_0$ 的值 $x(s_0, t_0)$ 为起始扰动. Lyapunov 稳定性即关于起始扰动的稳定性. 对于扰动方程 (7.4.3) 中不显含弧坐标 s 和时间 t 的自治情形, 双自变量系统的 Lyapunov 平衡稳定性的定义为[22]

定义 7.1: 若给定任意小的正数 ε, 存在正数 δ, 对于一切受扰状态, 只要其起始扰动满足 $|x(s_0, t_0)| \leqslant \delta$, 对于所有 $s > s_0$, $t > t_0$ 均有 $|x(s,t)| < \varepsilon$, 则称未扰状态 $y_s(s,t)$ 是稳定的.

定义 7.2: 若未扰状态稳定, 且当 $s \to \infty$, $t \to \infty$ 时均有 $|x(s,t)| \to 0$, 则称未扰运动 $y_s(s,t)$ 是渐近稳定的.

定义 7.3: 若存在正数 ε_0, 对任意正数 δ, 存在受扰状态 $y(s,t)$, 当其起始扰动满足 $|x(s_0,t_0)| \leqslant \delta$ 时, 存在弧坐标 s_1 和时刻 t_1, 满足 $|x(s_1,t_1)| = \varepsilon_0$, 则称未扰状态 $y_s(s,t)$ 是不稳定的.

稳定性与扰动方式有关, 这里的稳定性是相对初始时刻的起始点的扰动而言的, 与一般情形的 Lyapunov 平衡稳定性有所不同. 另外, 由于这里的状态变量不涉及位置变量, 因此, 稳定平衡是指速度状态的稳定, 而杆仍有可能离开平衡位置.

下面给出判定双重自变量离散系统稳定性的一次近似方法. 扰动方程(7.4.3)的一次近似方程为

$$x' = Px + Q\dot{x}, \tag{7.4.4}$$

其中系数矩阵 P 和 Q 均为 12×12 方阵, 其元素 p_{ij} 和 q_{ij} 定义为

$$p_{ij} = \frac{\partial X_i}{\partial x_j}\bigg|_0, \quad q_{ij} = \frac{\partial X_i}{\partial \dot{x}_j}\bigg|_0, \quad (i,j=1,\cdots,12), \tag{7.4.5}$$

下标表示在零解处取值. 设扰动方程(7.4.4)中的变量 $x_i (i=1,\cdots,12)$ 存在以下形式特解:

$$x_i = A_i \exp(\lambda s + wt) \quad (i=1,\cdots,12). \tag{7.4.6}$$

将式(7.4.6)代入式(7.4.4)得到的本征方程是双变量的不定方程:

$$|wQ - \lambda E + P| = 0, \tag{7.4.7}$$

对于弹性杆这一特定背景, 可以分两步分别考察沿弧坐标和时间轴的稳定性.

首先考察在给定时刻 t^*, 变量 $x_i (i=1,\cdots,12)$ 关于弧坐标的稳定性. 此时式(7.4.6)成为

$$x_i = A_i \exp(\lambda s + wt^*) \quad (i=1,\cdots,12). \tag{7.4.8}$$

故有 $\dot{x}_i = 0, (i=1,\cdots,12)$, 导出关于弧坐标的本征方程

$$|P - \lambda E| = 0. \tag{7.4.9}$$

由此可以根据本征值 $\lambda_i(i=1,\cdots,12)$ 判定变量 $x_i(i=1,\cdots,12)$ 关于弧坐标的稳定性,这在第二章第 7 节中已经讨论.

其次考察给定弧坐标 s^*,变量 $x_i(i=1,\cdots,12)$ 关于时间的稳定性. 此时式(7.4.6)成为

$$x_i = A_i\exp(\lambda s^* + wt) \quad (i=1,\cdots,12). \tag{7.4.10}$$

故有 $x_i' = 0,(i=1,\cdots,12)$,导出关于时间的本征方程

$$| P + wQ | = 0. \tag{7.4.11}$$

由此可以根据本征值 $w_i(i=1,\cdots,12)$ 判定变量 $x_i(i=1,\cdots,12)$ 关于时间的稳定性.

综上所述,λ 和 w 各有 12 个值,所以,稳定的必要条件是除零根外,不存在具有正实部的根. 亦即,只有当变量 $x_i(i=1,\cdots,12)$ 关于弧坐标和时间同时稳定时,杆的平衡状态才是稳定的.

需要说明的是,上述做法仅对弹性杆这一特定背景而言,并非具有数学上的普遍性. 由于扰动变量不含位置变量,因此,即使满足上述稳定条件,只要不是渐近稳定,弹性杆一定离开原先的在惯性空间中的位置. 所以这里的稳定性是指处于平衡状态的杆,若起始点受到扰动后,随着时间的推移,杆上任意截面的扰动变量能够小于预先给定的任意值.

7.5　非圆截面直杆平衡的动态稳定性

研究存在原始常值扭率 ω_3^0 的直弹性杆,利用式(9)将 ω_i 以 $M_i(i=1,2,3)$ 代替,式(7.3.6)化作以下动力学方程组:

$$\frac{\partial F_1}{\partial s} + \frac{M_2}{B}F_3 - \left(\frac{M_3}{C}+\omega_3^0\right)F_2 - \rho A_s\left(\frac{\partial v_1}{\partial t}+\Omega_2 v_3 - \Omega_3 v_2\right) = 0,$$

$$\tag{7.5.1a}$$

$$\frac{\partial F_2}{\partial s} + \left(\frac{M_3}{C} + \omega_3^0\right)F_1 - \frac{M_1}{A}F_3 - \rho A_s\left(\frac{\partial v_2}{\partial t} + \Omega_3 v_1 - \Omega_1 v_3\right) = 0,$$
(7.5.1b)

$$\frac{\partial F_3}{\partial s} + \frac{M_1}{A}F_2 - \frac{M_2}{B}F_1 - \rho A_s\left(\frac{\partial v_3}{\partial t} + \Omega_1 v_2 - \Omega_2 v_1\right) = 0,$$ (7.5.1c)

$$\frac{\partial M_1}{\partial s} + \frac{1}{B}M_2 M_3 - \left(\frac{M_3}{C} + \omega_3^0\right)M_2 - F_2 -$$
$$\rho\left[I_1\frac{\partial \Omega_1}{\partial t} + (I_3 - I_2)\Omega_2\Omega_3\right] = 0,$$
(7.5.1d)

$$\frac{\partial M_2}{\partial s} + \left(\frac{M_3}{C} + \omega_3^0\right)M_1 - \frac{1}{A}M_1 M_3 + F_1 -$$
$$\rho\left[I_2\frac{\partial \Omega_2}{\partial t} + (I_1 - I_3)\Omega_3\Omega_1\right] = 0,$$
(7.5.1e)

$$\frac{\partial M_3}{\partial s} + \left(\frac{1}{A} - \frac{1}{B}\right)M_1 M_2 - \rho\left[I_3\frac{\partial \Omega_3}{\partial t} + (I_2 - I_1)\Omega_1\Omega_2\right] = 0,$$
(7.5.1f)

$$\frac{\partial v_1}{\partial s} + \frac{M_2}{B}v_3 - \left(\frac{M_3}{C} + \omega_3^0\right)v_2 - \Omega_2 = 0,$$ (7.5.1g)

$$\frac{\partial v_2}{\partial s} + \left(\frac{M_3}{C} + \omega_3^0\right)v_1 - \frac{M_1}{A}v_3 + \Omega_1 = 0,$$ (7.5.1h)

$$\frac{\partial v_3}{\partial s} + \frac{M_1}{A}v_2 - \frac{M_2}{B}v_1 = 0,$$ (7.5.1i)

$$\frac{\partial \Omega_1}{\partial s} + \frac{M_2}{B}\Omega_3 - \left(\frac{M_3}{C} + \omega_3^0\right)\Omega_2 - \frac{1}{A}\frac{\partial M_1}{\partial t} = 0,$$ (7.5.1j)

$$\frac{\partial \Omega_2}{\partial s} + \left(\frac{M_3}{C} + \omega_3^0\right)\Omega_1 - \frac{M_1}{A}\Omega_3 - \frac{1}{B}\frac{\partial M_2}{\partial t} = 0,$$ (7.5.1k)

$$\frac{\partial \Omega_3}{\partial s} + \frac{M_1}{A}\Omega_2 - \frac{M_2}{B}\Omega_1 - \frac{1}{C}\frac{\partial M_3}{\partial t} = 0. \tag{7.5.11}$$

方程(7.5.1)存在以下常值特解:

$$F_1 = F_2 = 0, F_3 = F_0,$$
$$M_1 = M_2 = 0, M_3 = M_0,$$
$$\Omega_1 = \Omega_2 = \Omega_3 = 0, \tag{7.5.2}$$
$$v_1 = v_2 = v_3 = 0,$$

此特解对应于直杆平衡状态. 用一次近似理论讨论此特解的双自变量的 Lyapunov 平衡稳定性. 定义以下无量纲弧坐标 $\bar{s}$ 和无量纲时间变量 $\bar{t}$:

$$\bar{s} = \left(\frac{M_0}{B}\right)s, \bar{t} = \sqrt{\frac{F_0}{\rho A_s}}\left(\frac{M_0}{B}\right)t. \tag{7.5.3}$$

引入以下无量纲扰动量 $x_i(i=1,\cdots,12)$:

$$x_i = \frac{F_i}{F_0}(i=1,2), \ x_3 = \frac{F_3 - F_0}{F_0},$$

$$x_{3+i} = \frac{M_i}{M_0}(i=1,2), \ x_6 = \frac{M_3 - M_0}{M_0},$$

$$x_{6+i} = \frac{B\Omega_i}{M_0}\sqrt{\frac{\rho A_s}{F_0}}, \quad (i=1,2,3),$$

$$\tag{7.5.4}$$

$$x_{9+i} = v_i\sqrt{\frac{\rho A_s}{F_0}}, \quad (i=1,2,3).$$

将上式代入方程组(7.5.1),略去扰动量 $x_i(i=1,\cdots,12)$ 的二次以上微量,得到一次近似扰动方程:

$$x_1' = (1+\nu_1)x_2 - x_5 + \dot{x}_{10}, \quad\quad (7.5.5a)$$

$$x_2' = -(1+\nu_1)x_1 + (1+\sigma)x_4 + \dot{x}_{11}, \quad\quad (7.5.5b)$$

$$x_3' = \dot{x}_{12}, \quad\quad (7.5.5c)$$

$$x_4' = \mu x_2 + \nu_1 x_5 + \overline{J}_1 \dot{x}_7, \quad\quad (7.5.5d)$$

$$x_5' = -\mu x_1 + (\sigma - \nu_1)\dot{x}_4 + \overline{J}_2 \dot{x}_8, \quad\quad (7.5.5e)$$

$$x_6' = \overline{J}_3 \dot{x}_9, \quad\quad (7.5.5f)$$

$$x_7' = (1+\sigma)\dot{x}_4 + (1+\nu_1)x_8, \quad\quad (7.5.5g)$$

$$x_8' = \dot{x}_5 - (1+\nu_1)x_7, \quad\quad (7.5.5h)$$

$$x_9' = (1+\nu)\dot{x}_6, \quad\quad (7.5.5i)$$

$$x_{10}' = x_8 + (1+\nu_1)x_{11}, \quad\quad (7.5.5j)$$

$$x_{11}' = -x_7 - (1+\nu_1)x_{10}, \quad\quad (7.5.5k)$$

$$x_{12}' = 0, \quad\quad (7.5.5l)$$

其中撇号和点号表示对 $\overline{s}$ 和 $\overline{t}$ 的偏导数. 无量纲参数 $\mu,\sigma,\nu,\nu_1,\delta,\overline{J}_i$ $(i=1,2,3)$ 定义为

$$\mu = \frac{BF_0}{M_0^2}, \sigma = \frac{B}{A} - 1,$$

$$\nu = \frac{B}{C} - 1, \ \delta = \frac{C\omega_3^0}{M_0}, \quad\quad (7.5.6)$$

$$\nu_1 = \nu + \delta(1+\nu),$$

$$\overline{J}_i = \frac{F_0 I_i}{A_s B}, \quad (i = 1,2,3),$$

式(7.5.5)写作矩阵形式

$$\begin{bmatrix} z_1' \\ z_2' \end{bmatrix} = \begin{pmatrix} P_{11} & 0 \\ 0 & P_{22} \end{pmatrix} \begin{bmatrix} z_1 \\ z_2 \end{bmatrix} + \begin{pmatrix} 0 & Q_{12} \\ Q_{21} & 0 \end{pmatrix} \begin{bmatrix} \dot{z}_1 \\ \dot{z}_2 \end{bmatrix}, \quad\quad (7.5.7)$$

其中 $z_{1k} = x_k, z_{2k} = x_{6+k}, (k=1,\cdots,6)$ 分别对应于变形量 F_i, M_i 和运动量 Ω_i, v_i；分块矩阵定义为

$$P_{11} = \begin{pmatrix} 0 & 1+\nu_1 & 0 & 0 & -1 & 0 \\ -(1+\nu_1) & 0 & 0 & 1+\sigma & 0 & 0 \\ 0 & 0 & 0 & 0 & 0 & 0 \\ 0 & \mu & 0 & 0 & \nu_1 & 0 \\ -\mu & 0 & 0 & \sigma-\nu_1 & 0 & 0 \\ 0 & 0 & 0 & 0 & 0 & 0 \end{pmatrix},$$

$$P_{22} = \begin{pmatrix} 0 & 1+\nu_1 & 0 & 0 & 0 & 0 \\ -(1+\nu_1) & 0 & 0 & 0 & 0 & 0 \\ 0 & 0 & 0 & 0 & 0 & 0 \\ 0 & 1 & 0 & 0 & 1+\nu_1 & 0 \\ -1 & 0 & 0 & -(1+\nu_1) & 0 & 0 \\ 0 & 0 & 0 & 0 & 0 & 0 \end{pmatrix},$$

$$Q_{12} = \begin{pmatrix} 0 & 0 & 0 & 1 & 0 & 0 \\ 0 & 0 & 0 & 0 & 1 & 0 \\ 0 & 0 & 0 & 0 & 0 & 1 \\ \overline{J}_1 & 0 & 0 & 0 & 0 & 0 \\ 0 & \overline{J}_2 & 0 & 0 & 0 & 0 \\ 0 & 0 & \overline{J}_3 & 0 & 0 & 0 \end{pmatrix},$$

$$Q_{21} = \begin{pmatrix} 0 & 0 & 0 & 1+\sigma & 0 & 0 \\ 0 & 0 & 0 & 0 & 1 & 0 \\ 0 & 0 & 0 & 0 & 0 & 1+\nu \\ 0 & 0 & 0 & 0 & 0 & 0 \\ 0 & 0 & 0 & 0 & 0 & 0 \\ 0 & 0 & 0 & 0 & 0 & 0 \end{pmatrix},$$

式中 $\nu_1 = \nu + \delta(1+\nu)$. 设扰动方程(7.5.5)中的变量 $x_i(i=1,\cdots,12)$ 存在以下形式特解:

$$x_i = A_i \exp(\lambda \bar{s} + w\bar{t}) \quad (i=1,\cdots,12), \qquad (7.5.8)$$

首先在给定的任意时刻考察相对弧坐标的稳定性. 令 $\dot{x}_i = 0$, $(i=1,\cdots,12)$, 扰动方程(7.5.7)化作

$$\begin{bmatrix} z'_1 \\ z'_2 \end{bmatrix} = \begin{bmatrix} P_{11} & 0 \\ 0 & P_{22} \end{bmatrix} \begin{bmatrix} z_1 \\ z_2 \end{bmatrix}, \qquad (7.5.9)$$

本征方程化为 2 个代数方程

$$| P_{11} - \lambda E | = 0, \qquad (7.5.10a)$$

$$| P_{22} - \lambda E | = 0. \qquad (7.5.10b)$$

展开式(7.5.10a), 化为

$$\lambda^2(\lambda^4 + a\lambda^2 + b) = 0, \qquad (7.5.11)$$

其中系数定义为

$$a = (1+\nu_1)^2 + \nu_1(\nu_1-\sigma) - \mu(2+\sigma); \qquad (7.5.12a)$$

$$\begin{aligned} b = {} & \nu_1(\nu_1-\sigma)(1+\nu_1)^2(1+\delta)^2 + \\ & \mu(1+\nu_1)(1+\delta)[\nu_1(2+\sigma)-\sigma] + \mu^2(1+\sigma); \end{aligned}$$
$$\qquad (7.5.12b)$$

除零根外, 本征方程(7.5.11)存在纯虚根的条件为

$$a > 0,\; b > 0,\; a^2 - 4b \geqslant 0, \qquad (7.5.13)$$

展开式(7.5.10b), 化为

$$\lambda^2[\lambda^2 + (1+\nu_1)^2]^2 = 0, \qquad (7.5.14)$$

解出其余 6 个本征值 $\lambda_i(i=7,\cdots,12)$, 其中非零根为纯虚根:

$$\lambda = \pm i(1+\nu_1). \qquad (7.5.15)$$

零根的意义已在 5.2 节中指出,根据一次近似稳定性理论,条件 (7.5.13)即为直杆平衡状态(7.5.2)相对弧坐标稳定的必要条件. 图 7.1 是当 $\sigma = 0.3$ 时,在(σ, μ)参数平面上划分的稳定域.

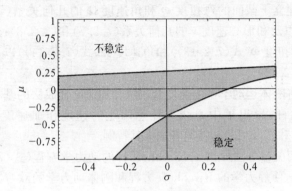

图 7.1 $\sigma = 0.3$ 时(σ, μ)参数平面上划分的静态稳定域

其次,在给定的任意弧坐标考察相对时间的稳定性. 令 $x'_i = 0$, $(i = 1, \cdots, 12)$,扰动方程(7.5.7)化作

$$\begin{pmatrix} P_{11} & 0 \\ 0 & P_{22} \end{pmatrix} \begin{pmatrix} \mathbf{z}_1 \\ \mathbf{z}_2 \end{pmatrix} + \begin{pmatrix} 0 & Q_{12} \\ Q_{21} & 0 \end{pmatrix} \begin{pmatrix} \dot{\mathbf{z}}_1 \\ \dot{\mathbf{z}}_2 \end{pmatrix} = 0, \qquad (7.5.16)$$

关于弧坐标的本征方程(7.4.9)为

$$\left| \begin{pmatrix} P_{11} & 0 \\ 0 & P_{22} \end{pmatrix} + w_i \begin{pmatrix} 0 & Q_{12} \\ Q_{21} & 0 \end{pmatrix} \right| = 0, \qquad (7.5.17)$$

不存在非零解.

综上所述,特解(7.5.2)稳定的必要条件是,满足式 (7.5.13).最后说明一下稳定的几何意义:处于平衡状态的杆的 起始截面受到的扰动,不因弧坐标的增加或时间的推移而放大, 稳定平衡的杆受扰后一般并非处于平衡状态且要离开原先在惯 性空间中的位置.

7.6　小结

1）建立了截面的弯扭度 $\boldsymbol{\omega}$ 和角速度 $\boldsymbol{\Omega}$ 的几何关系（7.2.5）或（7.2.6）以及和形心速度 $\boldsymbol{v}$ 的几何关系（7.2.7）和（7.2.8）；用欧拉角表达了弯扭度 $\boldsymbol{\omega}$（式（7.2.13））和角速度 $\boldsymbol{\Omega}$（式（7.2.14））以及单位切矢（式（7.2.15））.

2）将刚体运动学中的速度合成法和加速度合成法的基本公式推广到挠性杆，导出了中心线上任意两点的速度和加速度关系（式（7.2.21）和（7.2.23）），使前者成为其特例.

3）用矢量方法导出了 Kirchhoff 杆的动力学方程（式（7.3.5）或（7.3.6）），使静力学的 Kirchhoff 方程和刚体动力学的欧拉方程成为其特例. 讨论了定解条件的提法.

4）提出了双重自变量离散系统的 Lyapunov 稳定性基本概念，建立了扰动方程（7.4.3），给出了稳定、渐近稳定和不稳定的定义. 发展了一次近似方法.

5）用一次近似方法讨论了具有原始常值扭率 ω_3^0 的非圆截面弹性直杆的平衡稳定性问题. 建立了此特解的无量纲化扰动方程（7.5.5），分别讨论了静态稳定性和动态稳定性. 得到稳定的必要条件. 当相对时间和弧坐标的稳定性条件都独立得到满足时，杆的平衡状态才是稳定的.

第八章 总结与展望

8.1 总结

本文对超细长弹性杆非线性力学的建模理论和平衡的稳定性进行了系统的研究,现将主要结果简述如下:

第一章中,综述了国内外在超细长弹性杆非线性力学领域的研究工作.在静力学、动力学和稳定性诸方向上就研究内容和研究方法进行了调研,总结了截止到 2003 年近 30 年的研究成果.

第二章中,系统论述了超细长弹性杆非线性力学的 Kirchhoff 理论,包括 Kirchhoff 假定,离散化方法、Kirchhoff 方程及其定解条件的建立、Kirchhoff 动力学比拟,以及稳定性问题.概述了弹性细杆平衡问题的 Cosserat 理论.

第三章是本文的主要核心工作之一.克服了弧坐标既是空间变量又充任"时间"变量双重角色带来的困难,系统地建立了超细长弹性杆非线性力学建模的分析力学方法,包括属于微分变分原理的 D'Alember-Lagrange原理、Jourdain 原理、Gauss 原理和 Gauss 最小拘束原理,属于积分变分原理的 Hamilton 原理,以及 Lagrange 方程、Nielsen 方程和 Appell 方程.结果表明,分析力学方法可以完整地移植到超细长弹性杆非线性力学,一方面分析力学将给约束弹性杆的建模带来方便,另一方面独特的研究对象赋予分析力学新的内容和形式.

第四章是本文的主要核心工作之一.应用本文提出的复刚度和复柔度概念,在 Kirchhoff 理论的框架内将圆截面的 Schrödinger 方程推广到非圆截面,得到了用复曲率或复弯矩表示的 2 种形式.从中可以导出无扭转杆关于曲率的 Duffing 方程.

第五章是对 Kirchhoff 方程常值特解及其 Lyapunov 稳定性的系统研究. 固定坐标系、主轴坐标系和 Frenet 坐标系中的常值特解具有不同的数学和物理意义.

第六章是对约束弹性细杆平衡问题的研究. 这是较之于自由弹性细杆更困难的问题. 建立的圆截面杆的约束 Kirchhoff 方程为进一步研究受约束的弹性细杆的非线性力学问题提供基础. 圆柱面约束下的弹性细杆的平衡位形具有复杂的几何形态.

第七章是本文的又一主要核心工作. 导出的截面的运动和变形的几何关系是对刚体运动学的推广,用动量和动量矩定理建立的 Kirchhoff 动力学方程是研究弹性细杆动力学的基础,由此可以进行真正意义上的平衡稳定性的讨论. 提出的双重自变量离散系统稳定性的一次近似方法简单实用,算例说明了这一点.

8.2 展望

虽然超细长弹性杆非线性力学的研究具有悠久的历史,但是,以海底电缆等工程或分子生物学为背景的研究却是近二三十年的事. 除与背景的结合外,超细长弹性杆力学本身还存在许多甚至是很困难的有待进一步研究课题.

1) 非线性本构关系

目前文献都是以线性本构关系讨论问题,更一般的应该关注非线性本构关系,例如,粘弹性、与环境有关的本构关系等. 建立各种非线性本构关系下的主矩和弯扭度的关系式,研究其平衡和稳定性以及动力学问题.

2) 受约束杆的平衡和稳定性以及动力学问题

杆受各种约束,例如,非定常的曲面约束、单面约束、非理想约束、自身接触约束、随机约束下的平衡和稳定性以及动力学问题. 截面形状因受约束而改变以及和约束变形的耦合问题.

3）弹性杆平衡的反问题

对于给定的描述弹性杆几何形态的变量满足的关系,确定几何和物理参数、作用力和约束,使得具备这些几何和物理参数的杆在这些力、约束作用下满足给定关系的平衡位形是可能的平衡位形. 按动力学比拟,平衡的反问题包括平衡方程的建立、平衡方程的修改和平衡方程的封闭等问题[138].

4）弹性杆平衡的实用稳定性

文献中讨论的杆的 Lyapunov 稳定性要求在无限长时间域内和无限杆长下满足稳定条件,而无限长时间并不切合实际,任何弹性杆的长度总是有限的,在有限时间和有限杆长下的稳定性更符合实际情况而更有实际意义. 因此,需要建立弹性杆平衡或运动的实用稳定性理论.

5）数值模拟和可视化

杆静力学和动力学方程都是高度非线性的,后者还是偏微分方程. 因此数值模拟在杆力学中具有重要地位. 数值计算大多数力学问题的基本而有效的方法. 数值计算的后处理,即将结果可视化是杆力学的重要内容.

6）非线性行为研究

超大位移带来的几何非线性和物理本质上的非线性使杆静力学和动力学方程严重非线性,因此,杆必定具有更为复杂而丰富的非线性行为,例如,混沌、分岔等. 研究其发生的机理,以及对分子生物学性质的影响.

7）实验

对于以海底电缆等工程或分子生物学为背景的超细长弹性杆,实验是极其重要的研究手段之一,包括实验模拟、实验测定、实验验证等,是和理论研究相辅相成的. 然而也是更困难的,实验文献数量也较少.

8）Cosserat 理论

弹性细杆平衡问题的 Cosserat 理论与 Kirchhoff 理论的比较研究,及其进一步发展.

参 考 文 献

1　谈家桢. DNA 双螺旋结构与中国的生物工程. 生物工程进展，1994；**14**(1)：3

2　陈章良. 伟大的发现. 生命的化学，1993；**13**(3)：20

3　Malacinski G. M., Freifelder D. Essentials of Molecular Biology. 分子生物学精要(影印版)，北京：科学出版社，2002

4　特纳 P. C.,麦克伦南 A. G,贝茨 A. D., 怀特 M. R. H. 著. 刘进元,李文君,王薛林等译校. 分子生物学,北京：科学出版社，2002

5　Fuller F. B. The writhing number of a space curve. *Proc. Natl. Acad. Sci. USA*，1971；**68**(4)：815 - 819

6　Benham C. J. Onset of writhing in circular elastic polymers. *Physical Review A*，1989；**39**(5)：2582 - 2586

7　Westcott T. P. Tobias I., Olson W K., Modeling self-contact forces in the elastic theory of DNA supercoiling. *J. Chem. Physics*，1997；**107**(10)：3967 - 3980

8　武际可. 力学史. 重庆：重庆出版社，2000：208 - 210

9　刘鸿文. 材料力学(Ⅰ). 北京：高等教育出版社,第 4 版,2004：290 - 310

10　Kirchhoff G. Ueber das gleichgewicht und die bewegung eines unendlich duennen elastischen stabes. *J. Rein Angew. Math.*，1859；**56**：285 - 313

11　Kirchhoff G. Vorlesung üeber mathematische Physik [M]. Mechanik Leipzig (1874)

12　Love A. E. H. A Treatise on Mathematical Theory of

Elasticity[M]. 4-th ed. , 1927；Dover：New York

13 陈至达. 杆、板、壳大变形理论. 北京：科学出版社，1994：48 - 85

14 武际可,苏先樾. 弹性系统的稳定性. 北京：科学出版社，1994：103 - 128

15 武际可，黄永刚. 弹性曲杆的稳定性问题. 力学学报,1987；**19**(5)：445 - 454

16 吴柏生. 细长弹性杆在轴压下的二次分叉. 力学学报,1991；**23**(23)：347 - 354

17 刘凤梧,徐秉业,高德利. 受横向约束的细长无重管柱在压扭组合作用下的后屈曲分析. 工程力学,1998；**15**(4)：18 - 24

18 刘凤梧,徐秉业. 水平圆管中受压扭作用管柱屈曲后的解析解. 力学学报,1999；**31**(2)：238 - 242

19 李尧臣. 圆截面杆在曲线井中的屈曲问题. 力学季刊,2002；**23**(2)：265 - 271

20 刘延柱. DNA 双螺旋结构的螺旋杆力学模型. 力学学报,2002；增刊：117 - 121

21 刘延柱. 非圆截面弹性细杆的平衡稳定性与分岔. 力学季刊,2001；**22**(2)：147 - 153

22 刘延柱,薛纭,陈立群. 弹性细杆平衡的动态稳定性. 物理学报,2004；**53**(8)

23 刘延柱. 压杆失稳与 Liapunov 稳定性. 力学与实践,2002；**24**(4)：56 - 59

24 Liu Y. Z. , Zu J. W. Stability and bifurcation of helical equilibrium of a thin elastic rod. *Acta Mechanica*,2004；**167**：29 - 39

25 刘延柱. 弹性杆基因模型的力学问题. 力学与实践,2003；**25**(1)：1 - 5

26 Frisch-Fay R. Flexible bars. London：Butterworths, 1962

27 Antman S. S. The theory of rods. Berlin, Springer, 1972

28 Antman S. S. Nonlinear problems of elasticity. New York, Springer 1995

29 Ilyukhin A. A. Spatial problems of the nonlinear theory of elastic rods. Naukova Dumka, Kiev, 1979; (in Russian)

30 Zajac E. E. Stability of two planar loop elasticas. *Trans. ASME*, *J. Appl. Mech.*, 1962; **29**: 136 – 142

31 Cohen H. A nonlinear theory of elastic directed curves. *Int. J. Engng Sci.*, 1966; **4**: 511 – 524

32 James R. D. The equilibrium and post-buckling behavior of an elastic curve governed by a non-convex energy. *J. Elasticity*, 1981; **11**: 239 – 269

33 Knap R. H. Helical wire stresses in bent cables. *Trans. ASME*, *J. Offshore Mech. And Artic Engng.*, 1988; **110**: 55 –61

34 Le T. T., Knap R H. A finite element model for cables with nonsymmetrical geometry and loads. *Trans. ASME*, *J. Offshore Mech. And Artic Engng.*, 1994; **116**: 14 – 20

35 Coyne J. Analysis of the formulation and elimination of loops in twisted cable. *IEEE J. of Oceanic Engineering*, 1990; **5**(2): 72 – 83

36 Tsuru H., Wadati M. Elastic model of highly supercoiled DNA. *Biopolymers*, 1986; **25**: 2083 – 2096

37 White J. H., Cozzarelli N R., Bauer W R. Helical repeat and linking number of surface-wrapped DNA. *Science*, 1988; **241**: 323 – 327

38 Maggs A. C. Twist and writhe dynamics of stiff polymers. *Phys. Rev. Lett.*, 2000; **85**(25): 5472 – 5475

39 Maggs A. C. Writhing geometry at finite temperature random walk and geometric phases for stiff polymers. *J. Chem. Phys.*,

2001; **114**(13): 5888 - 5896

40 Langer J. , Singer D. A. Lagrangian aspects of the Kirchhoff elastic rod. *SIAM Rev.* , 1996; **38**(4): 605 - 618

41 Pozo Coronado L M. Hamilton equations for elasticae in the Euclidean 3 space. *Physica D*, 2000; **141**: 248 - 260

42 Noguchi H. Folding dynamics in a semiflexible polymer as a model of DNA. *International Journal of Birfucation and Chaos*, 2002; **12**(9): 2003 - 2008

43 Fuller F. B. The writhing number of a space curve. *Proc. Natl. Acad. Sci. USA*, 1971; **68**(4): 815 - 819

44 Fuller F. B. Decomposition of the linking number of a closed ribbon: A problem from molecular biology. *Proc. Natl. Acad. Sct. USA*, 1978; **75**(8): 3557 - 3561

45 Fuller F. B. In: Mathematical problems in the biological sciences. *Proceedings of Symposia in Applied Mathematics*, *ed.* R. E. Bellman (American Mathematical Society, Providence, RI), 1962; **14**: 64 - 68

46 Champneys A. R. , Van der Heijden G. H. M. and Thompson J. M. T. Spatially complex localization after one-twist-per-wave equilibria in twisted circular rods with initial curvature. *Phil. Trans. R. Soc. Lond. A*, 1997; **355**: 2151 - 2174

47 Van der Heijden G. H. M. , Thompson J. M. T. Lock-on to tape-like behaviour in the torsional buckling of anisotropic rods. *Physica D*, 1998; **112**: 201 - 224.

48 Van der Heijden G. H. M. , Champneys A R and Thompson J. M. T. Spatially complex localization in twisted elastic rods constrained to lie in the plane. *Mechanics and Physics of Solids*, 1999; **47**: 59 - 79

49 Van Der Heijden G. H. M. , Thompson J. M. T. Helical and

localised buckling in twisted rods A unified analysis of the symmetric case. *Nonlinear Dynamics*, 2000; **21**: 71 - 99

50 Van der Heijden G. H. M. The static deformation of a twisted elastic rod constrained to lie on a cylinder. *Proc. R. Soc. Lond. A*, 2001, **457**: 695 - 715

51 Stump D M. , Van der Heijden G. H. M. Birdcaging and the collapse of rods and cables in fixed-grip compression. *International Journal of Solids and Structures*, 2001; **38**: 4265 -4278

52 Van der Heijden G. H. M. , Champleys A. R. , Thomson J. M. T. Spatially complex localization in twisted elastic rods constrained to a cylinder. *International Journal of Solids and Structures*, 2002; **39**: 1863 - 1883

53 Van der Heijden G. H. M. , Neukirch S. , Goss V. G. A. , *et al*. Instability and self-contact phenomena in the writhing of clamped rods. *International Journal of Mechanical Sciences*, 2003; **45**: 161 - 196

54 Stump D. M. and Van der Heijden G. H. M. Matched asymptotic expansions for bent and twisted rods applications for cable and pipeline laying. *Journal of Engineering Mathematics*, 2000; **38**: 13 - 31

55 Stump D. M. , Van der Heijden G. H. M. Birdcaging and the collapse of rods and cables in fixed-grip compression. *International Journal of Solids and Structures*, 2001; **38**: 4265 -4278

56 Neukirch S. , Van der Heijden G. H. M. Geometry and mechanics of uniform n plies from engineering ropes to biological filaments. *Journal Elastisity*, 2002; **69**: 41 - 72

57 Neukirch S. , Van der Heijden G H M. Geometry and

mechanics of uniform n plies from engineering ropes to biological filaments. *Journal Elastisity*, 2002; **69**: 41 - 72

58 Stump D. M. , Fraser W. B. , Gates K. E. The writhing of circular cross-section rods: undersea cables to DNA supercoils. *Proc. R. Soc. Lond. A*,1998; **454**: 2123 - 2156

59 Stump D. M. , Fraser W. B. Multiple solutions for writhed rods implications for DNA supercoiling. *Proc. R. Soc. Lond. A*, 2000; **456**: 455 - 467

60 Stump D. M. , Champneys A . R. and Van der Heijden G. H. M. The torsional buckling and writhing of a simply supported rod hanging under gravity. *International Journal of solids and Structure*,2001; **38**: 795 - 813

61 Stump D. M. , Watson P. J. , Fraser W. B. Mathematical modelling of interwound DNA supercoils. *J. of Biomechanics*, 2000; **33**(4): 407 - 413

62 Fraser W. B. , Stump D. M. Yarn twist in the ring spinning balloon. *Proc. R. Soc. Lond. A*,1998; **454**: 707 - 723

63 Fraser W. B. , Stump D. M. The equilibrium of the convergence point in two-strand yarn plying. *International Journal of Solids and Structures*,1998; **35**: 285 - 298.

64 Van der Heijden G. H. M. , Champneys A. R. , Thompson J. M. T. The spatial complexity of localized buckling in rods with noncircular cross section. *Siam J. Appl. Math.* , 1998; **59**(1): 198 - 221

65 Starostin E. L. Three-dimensional shapes of looped DNA. *Mechanica*, 1996; **31**: 235 - 271

66 Starostin E. L. Equilibrium configurations of a thin elastic rod with self-contacts. *PAMM, Proc. Appl. Math. Mech.* I, 2002: 137 - 138

67 Starostin E. L. Closed loops of a thin elastic rod and its symmetric shapes with self-contacts. *Proc. Of the 16th IMACS World Congress*, Lausanne, 2000: 1-6

68 Starostin E. L. Three-dimensional conformations of looped DNA in an elastomechanical approximation. *Proc. 2nd Int. Conf. on Nonlinear Mechanics*, Peking University Press, Beijing, 1993: 188-190

69 Yaoming Shi and Hearst J. E. The Kirchhoff elastic rod, the nonlinear Schrödinger equation, and DNA supercoiling. *J. Chem. Phys.*, 1994; **101**(6): 5186-5200

70 Yaoming Shi, Borovik A. E., Hearst. J. E. Elastic rod model incorporating shear and extension, generalized nonlinear Schrödinger equations, and novel closed form solutions for supercoiled DNA. *J. Chem. Phys.* 1995; **103**(8): 3166-3183

71 Yaoming Shi, Hearst J. E., *et al.* Erratum: "The Kirchhoff elastic rod, the nonlinear Schröedinger equation and DNA supercoiling. *J. Chem. Physics*, 1998; **109**(7): 2959-2961

72 Goriely A., Tabor M. Nonlinear dynamics of filaments I. Dynamical instabilities. *Physics D*, 1997; **105**: 20-44

73 Goriely A. and Tabor M. The nonlinear dynamics of filaments. *Nonlinear Dynamics*, 2000; **21**: 101-133

74 Goriely A., Tabor M. Nonlinear dynamics of filaments II. Nonlinear analysis. *Physics D*, 1997; **105**: 45-61

75 Goriely A., Tabor M. New amplitude equations for thin elastic rods. *Phys. Rev. Lett.*, 1996; **77**(17): 3537-3540

76 Goriely A., Shipman P. Dynamics of helical strips. *Phy. Rev. E*, 2000; **61**(4): 4508-4517

77 Goriely A., Nizette M., Tabor M. On the dynamics of elastic strips. *J. Nonlinear Sci.*, 2001; **11**: 3-45

78 Goriely A. , Tabor M. Nonlinear dynamics of filaments III: Instabilities of helical rods. *Proc. Roy. Soc. A*, 1997; **453**: 2583 - 2601

79 Lega J. , Goriely A. Pulses fronts and oscillations of an elastic rod. *Physica D*, 1999; **132**: 373 - 391

80 Goriely A. , Tabor M. Spontaneous helix hand reversal and tendril perversion in climbing plants. *Phys. Rev. Lett.* , 1998; **80**(7): 1564 - 1567

81 Goldstein R. E. , Goriely A. , Huber G. , *et al*. Bistable helices. *Phys. Rev. Lett.* , 2000; **84**(7): 1631 - 1634

82 Davis M. A. , Moon F. C. 3 - D spatial chaos in the elastica and the spinning top: Kirchhoff analogy. *Chaos*, 1993; **3**(1): 93 - 99

83 Benham C. J. An elastic model of the large-scale structure of duples DNA. *Biopolymers*, 1979; **18**: 609 - 623

84 Benham C. J. Elastic model of supercoiling. *Proc. Natl Acad. Sci. USA*, 1977; **74**: 2397 - 2401

85 Benham C. J. Geometry and mechanics of DNA superhelicity. *Biopolymers*, 1983; **22**(11): 2477 - 2495

86 Benham C. J. The role of the stress resultant in determinating mechanical equilibria of superhelical DNA. *Biopolymers*, 1987; **26**: 9 - 15

87 Benham C. J. The statistics of superhelicity. *J. Mol. Biol.* , 1978; **123**: 361 - 370

88 Benham C. J. Theoretical analysis of competitive conformational transitions in torsionally stressed DNA. *J. Mol. Biol.* 1981; **150** (1): 43 - 68

89 Haijun Zhou, Yang Zhang, and Zhong-can Ou-Yang. Elastic property of single double stranded DNA molecules: Theoretical

study and comparison with experiments. *Physical Review E*,
2000; **62**(1): 1045 – 1058

90 Haijun Zhou, Yang Zhang, and Zhong-can Ou-Yang. Elastic
theories of single DNA molecules. *Physica A*, 2002; **306**: 359 –
367

91 Zhou Haijun and Ou-Yang Zhong-can. Spontaneous curvature-
induced dynamical instability of Kirchhoff filaments:
Application to DNA kink deformations. *J. Chem. Physics*,
1999; **110**(2): 1247 – 1251

92 Coleman B. D., Dill E. H., Lembo M., *et al*. On the
dynamics of rods in the theory of Kirchhoff and Clebsch. *Arch.
Rational Mech. Anal.*, 1993; **121**: 339 – 359

93 Tobias I., Olson W. K. The effect of intrinsic curvature on
superloiling — predictions of elasticity theory. *Biopolymers*,
1993; **33**: 639 – 646

94 Tobias I., Coleman B. D., Olson W. The dependence of DNA
tertiary structure on end conditions: theory and implications for
topological conditions. *J. Chem. Phys.*, 1994; **101** (12):
10990 – 10996

95 Yang Y., Tobias I., Olson W. K. Finite element analysis of
DNA supercoiling. *J. Chem. Physics*, 1993; **98** (2):
1673 – 1686

96 Coleman B. D., Tobias I., Swigon D. Theory of the influence
of end conditions on self-contact in DNA loops. *J. Chem.
Physics*, 1995; **103**(20): 9101 – 9109

97 Westcott T. P., Tobias I., Olson W. K. Elasticity theory
and numerical analysis of DNA supercoiling: An application to
DNA looping. *J. Phys. Chemistry*, 1995; **99**: 17926 –
17935

98 Tobias I. , Coleman B. D. , Lembo M. A class of exact dynamical solution in the elastic rod model of DNA with implications for the theory of fluctuations in the torsional motion of plasmids. *J. Chem. Physics*, 1996; **105**(6): 2517 - 2526

99 Westcott T. P. , Tobias I. , Olson W. K. Modeling self-contact forces in the elastic theory of DNA supercoiling. *J. Chem. Phys.* ,1997; **107**(10): 3967 - 3980

100 Zhang P. , Tobias I. , Olson W. K. Computer simulation of protein-induced structural changes in closed circular DNA. *J. Molec. Biol*, 1994; **242**: 271 - 290

101 Swigon D. , Coleman B. D. and Tobias I. The elastic rod model for DNA and its application to the tertiary structure of DNA minicircles in mononucleosomes. *Biophysical Journal*, 1998; **74**: 2515 - 2530

102 Tobias I. , Swigon D. , Coleman B. D. Elastic stability of DNA configurations. I. General theory. *Physical Review E*, 2000; **61**(1): 747 - 758

103 Coleman B. D. , Swigon D. , Tobias I. Elastic stability of DNA configurations. II. Supercoiled plasmids with self-contact. *Physical Review E*, 2000; **61**(1): 759 - 770

104 Coleman B. D. and Swigon D. Theory of supercoiled elastic rings with self-contact and its application to DNA plasmids. *J. of Elasticity*, 2000; **60**: 173 - 221

105 Klapper I. Biological applications of the dynamics of twisted elastic rods. *J. of computational Physics*, 1996; **125**(2): 325 -337

106 Klapper I. , Mtabor. A new twist in the kinematics and elastic dynamics of thin filaments and ribbons. *J. phys. A: Math.*

Gen. ,1994; **27**: 4919 - 4924

107 Bauer W. R. , Lund R. A. , White J. H. Twist and writhe of a DNA loop containing intrinsic bends. *Proc. Natl. Acad. Sci. USA*, 1993; **90**: 833 - 837

108 Goldstein R. E. , Powers T. R. , Wiggins C. H. Viscous nonlinear dynamics of twist and writhe. *Physical Review Letters*, 1998; **80**(23): 5232 - 5235

109 Goldstein R. E. , Petrich D. M. Solitons, Euler's equation, and vortex patch dynamics. *Phys. Rev. Lett.* , 1992; **69**(4): 555 - 558

110 Goldstein R . E. and Langer S. A. Nonlinear dynamics of stiff Polymers. *Phys. Rev. Lett.* , 1995; **75**(6): 1094 - 1087

111 Goldstein R. E. , Goriely A. , Huber G. , et al. Bistable helices. *Phys. Rev. Lett.* , 2000; **84**(7): 1631 - 1634

112 Goldstein R. E. , muraki D. J. , Petrich dean M. Interface proliferation and the growth of labyrinths in a reaction-diffusion system. *Physical Review E*, 1996; **53** (4): 2933 -2957

113 Simo J. C. A finite strain beam formulation. The three dimensional dynamic problem. Part I. *Computer Methods in Applied Mechanics and Engineering* ,1985; **49**: 55 - 70

114 Simo J. C. , Vu-Quoc J. A three-dimensional finite-strain rod model. Part II: Computational aspects. *Comput. Meths. Appl. Mech. Engrg.* , 1986; **58**: 79 - 116

115 Kai Hu. A differential geometric interpretation of Kirchhoff's elastic rods. *Journal of Mathematical Physics* ,1999; **40**(7): 3341 - 3352

116 Klenin K. , Langowski J. Computation of writhe in modelling of supercoiled DNA. *Biopolymers*, 2000; **54**: 307 - 317

117 Kholodenko A. L., Vilgis T. A. Path integral calculation of the writhe for circular semiflexible polymers. *J. Phys. A: Math. Gen.*,1996; **29**: 939 - 948

118 Hannay J. H. Cyclic rotations, contractibility and Gauss-Bonnet. *J. Phys. A: Math. Gen.*,1998; **31**: L321 - L324

119 Starostin E. L. Comment "Cyclic rotations, contractibility and Gauss-Bonnet". *Journal of Physics A: Mathematical and General*,2002; **35**: 6183 - 6190

120 Hunt N. G., Hearst J. E. Elastic model of DNA supercoiling in the infinite-length limit. *J. Chem. Physics*, 1991; **9512**: 9329 - 9336

121 Langer J., Singer D. A. Curve straightening and a minimax argument for closed elastic curves. *Topology*,1985; **24**(1): 75 -88

122 Doliwa A., Santini P. M. An elementary geometric characterization of the integrable motions of a curve. *Physics Letters A*,1994; **185**: 373 - 384

123 Fain B., Rudnick J. Conformation of linear DNA. *Physical Review*,1997; **55**(6): 7364 - 7368

124 Schuricht F. A variational approach to obstacle problems for shearable nonlinearly elastic rods. *Arch Rational Mech Anal.*, 1997; **140**: 103 - 159

125 Nizette M., Goriely A. Towards a classification of Euler Kirchhoff filaments. *Journal of Mathematical Physics*, 1999; **40**(6): 2830 - 2866

126 Juelicher F. Supercoiling transitions of closed DNA. *Phys. Rev. E*, 1994; **49**: 2429 - 2435

127 Balaeff A., *et al*. Elastic rod model of a DNA loop in the lac operon. *Phys. Rev. Lett.*, 1999; **83**(23): 4900 - 4903

128 F. da Fonseca A. , De Aguiar M A M. Solving the boundary value problem for finite Kirchhoff rods. *Physic D*, 2003; **181**: 53 - 69

129 Champney A. R. , Thompson J. M. T. A multiplicity of localized buckling modes for twisted rod equations. *Proc. Roy. Soc. A*, 1996; **452**: 2467 - 2491

130 Tanaka F. , Takahashi H. Elastic theory of supercoiled DNA. *J. Chem. Physics*, 1985; **83**: 6017 -6026

131 Le Bret M. Catastophic variation of twist and writhing of circular DNAs with contraint? *Biopolymers*, 1979; **18**: 1709 - 1725

132 Mahadevan L. and Keller J B. Coiling of flexible ropes. *Proceedings: Mathematical, Physical and Engineering Sciences*, 1996; **452**(1950): 1679 - 1694

133 Subbotin A. Dynamics of slightly flexible rods in the liquid crystalline state. *Macromolecules*, 1993; **26**: 2562 - 2565

134 Wolgemuth C. W. , Powers T R. , Goldstein R E. Twirling and whirling: Viscous dynamics of rotating elastic filaments. *Phys. Rev. Lett.* , 2000; **84**(7): 1623 - 1626

135 Golubovic L. , Moldovan D. , Peredera A. Flexible polymers and the rods far from equilibrium: Buckling dynamics. *Phy. Rev. E*, 2000; **61**(2): 1703 - 1715

136 Bustamante C. , Smith S. B. , Liphardt J. , Smith D. Single-molecule studies of DNA mechanics. *Current Opinion in Structural Biology*, 2000; **10**: 279 - 285

137 Storm A. , Nelson P. C. Theory of high-force DNA stretching and overstretching. *Physical Review E* , 2003; **67**: 051906 - 051917

138 Mergell B. , Ejtehadi M. ˙R. , Everaers R. Modeling DNA

structure, elasticity, and deformations at the base pair level. *Physical Review E*, 2003; **68**: 021911

139 Bensimon D., *et. al*. Stretching DNA with a receding meniscus: experiments and models. *Phys. Rev. Lett.*, 1995; **74**(23): 4754-4760

140 Maroz J. D., Nelson P. Torsional directed walks, entropic elasticity and DNA twist stiffness. *Proc. Natl Acad. Sci. USA*, 1997; **94**: 14418-14422

141 Manning R. S., Maddocks J. H., Kahn J. D. A continuum rod model of sequence-dependent DNA structure. *J. Chem. Physics*, 1996; **105**(13): 5626-5646

142 吴大任. 微分几何讲义. 北京: 高等教育出版社, 1981; **4**: 38-77

143 刘延柱. 高等动力学. 北京: 高等教育出版社, 2001: 92

144 梅凤翔, 刘端, 罗勇. 高等分析力学. 北京: 北京理工大学出版社, 1991: 84, 321, 400

145 武际可, 王敏中, 王炜. 弹性力学引论. 北京: 北京大学出版社, 2001 修订版: 98

146 阿.阿.玛尔德纽克, 孙振绮. 实用稳定性. 北京: 科学出版社, 2004

147 王照林. 运动稳定性及其应用. 北京: 高等教育出版社, 1992

148 Lakshmikantham V., Leela S., Martynyuk. Practical Stability of Nonlinear System. Singapore Word Scientific, 1990

149 廖晓昕. 动力系统的稳定性理论和应用. 北京: 国防工业出版社, 2000: 404

150 陈滨. 分析动力学. 北京: 北京大学出版社, 1987: 287

151 梅凤翔, 陈滨. 关于分析力学的学科发展问题. 见: 黄文虎, 陈滨, 王照林主编, 一般力学(动力学、振动与控制)最新进展. 北

京：科学出版社，1994：37

152 梅凤翔. 非完整系统的自由运动和非完整性的消失. 力学学报，
      1994；**26**(4)：470

153 薛纭. 约束条件的实现与非完整非完备力学系统的数学模型.
      见：陈滨主编, 动力学、振动与控制的研究. 北京：北京大学出
      版社，1994：5

154 薛纭. 对打击运动微分方程一些推导方法的探讨. 上海力学，
      1996；**17**(2)：137

155 沈惠川. 再论弹性大挠度问题 von Karman 方程与量子本征值
      问题 Schrödinger 方程的关系. 应用数学和力学，1987；**8**(6)：
      539 - 546

156 刘延柱, 陈立群. 非线性振动. 北京：高等教育出版社，2001：23

157 《数学手册》编写组. 数学手册. 北京：高等教育出版社，
      1979：97

致　　谢

本文是在陈立群教授和刘延柱教授悉心指导和热情关怀下完成的,首先向导师陈立群教授和刘延柱教授表示崇高的敬意和由衷的感谢.刘老师也是我在上海交通大学做访问学者时的导师.两位导师对学科方向的准确把握,对学生特点的全面了解,以及为研究工作创造的良好条件和学术氛围使学生能顺利按时完成学位课程的学习和学位论文的研究工作.导师渊博的学识、敏锐的洞察力以及富于启发性的分析使我受益匪浅;导师高尚的品格、严谨的治学态度和不断创新的进取精神给我留下深刻的印象.由于导师的严格要求,使学生的知识面拓宽,基础更加扎实,科研能力显著提高.

衷心感谢力学所郭兴明教授、戴世强教授、张俊乾教授和罗仁安教授,他们对我开题报告提出的富有建设性的意见,使我深受启发,使我的论文研究工作方向更加明确,内容更加充实.

衷心感谢力学所郭兴明教授平时对我学业上的关心和支持.衷心感谢刘宇陆教授长期以来对我的关心和指导,从他赠予的专著中我懂得了如何应用物理原理和方法处理实际问题.

衷心感谢麦穗一老师、历任班主任马永其老师、董力耘老师和秦志强老师,以及孙畅和王端老师三年来的关心和帮助.

非常感谢我的同学们:博士生赵维加、傅景礼、戈新生、张伟、杨晓东、张宏彬、刘荣万、郑春龙和硕士生吴俊、刘芳等,他们给予我许多无私的帮助与支持,与他们的学术探讨使我深受启发.愿他们不断取得进步!

衷心感谢我工作的单位上海应用技术学院的领导和同事们,他们为使我能更好地攻读博士学位创造了良好条件,提供了方便.

衷心感谢妻子李燕芬对作者学术工作的一贯支持和理解. 正是她在繁忙的工作之余承担了全部的家务和对儿子的培养和教育,使作者能潜心学术工作,完成学业.

我深深怀念养育我的父母亲.